Uitgeverij PensareDiverso
Reeks "Il Campo di Coscienza"

"De perfecte dictatuur zal eruitzien als vrijheid".
(Aldous Huxley)

Bruno Del Medico

De omstreden geest.

Neurowetenschappen, AI en het bewustzijnsveld. De strijd om de heerschappij.

De grote illusie van controle.

Bruno Del Medico Uitgeverij.
Uitgeverij PensareDiverso
ISBN **9791282549912**
edizioni@delmedico.it
www.giardinoquantico.it

Inhoudsopgave .

Wie de geest beheerst, beheerst de toekomst. Maar is het echt mogelijk om die te beheersen?

Van baanbrekende neurowetenschappen tot kunstmatige intelligentie die emoties, gewoontes en gedachten kan analyseren: vandaag de dag is de geest het beslissende strijdtoneel geworden van de nieuwe wereldwijde concurrentie. Toch blijft er, ondanks steeds ingrijpender technologieën, iets ongrijpbaar. Een onoverwinnelijke, onvoorspelbare, niet-programmeerbare kern.

"La mente contesa" onderzoekt met nauwkeurigheid en helderheid de pogingen – zowel historische als hedendaagse – om het menselijk bewustzijn te doorgronden, te voorspellen en te beïnvloeden. Het ontkracht mythes, onthult beperkingen en opent een verrassend perspectief: de geest is misschien geen product van de hersenen, maar een venster op een breder Bewustzijnsveld, een informatieve dimensie waarmee elk individu verbonden is.

Via een traject dat wetenschap, technologie, filosofie en geschiedenis met elkaar verweeft, laat het boek zien waarom het bewustzijn de laatste onoverwinnelijke grens blijft. En waarom, in een tijdperk van algoritmen en onzichtbare manipulatie, deze ongrijpbaarheid onze grootste garantie voor vrijheid is.

Het boek is opgezet als een grootschalig journalistiek en filosofisch onderzoek. Het begint bij de geschiedenis van pogingen tot gedachtencontrole, van de oorsprong van de psychologie tot politieke propaganda, van geheime programma's uit de Koude Oorlog tot de huidige technologieën voor surveillance en profilering. Het reconstrueert de huidige stand van zaken in de neurowetenschappen en de kunstmatige intelligenti , en laat duidelijk zien wat deze disciplines werkelijk kunnen doen — en wat daarentegen buiten hun bereik blijft.

De kern van het essay is een keerpunt: het idee dat de geest niet samenvalt met de hersenen. Cognitieve afwijkingen, veranderde bewustzijnstoestanden, atypische klinische gevallen en de beperkingen van materialistische theorieën suggereren dat het bewustzijn breder kan zijn dan zijn biologische basis. De auteur introduceert met nauwkeurigheid en intellectuele openheid de mogelijkheid dat er een 'Bewustzijnsveld' bestaat: een niet-lokale informatieve dimensie waarmee de hersenen als een interface verbonden zijn. Geen mystiek voorstel, maar een hypothese die verenigbaar is met nog onopgeloste paradoxen van de hedendaagse wetenschap.

De tekst beweegt zich op drie niveaus: historisch, wetenschappelijk en speculatief. Hij analyseert de convergentie tussen AI en neurowetenschappen, de technologische en geopolitieke risico's die verband houden met mind control, de nieuwe theorieën over bewustzijn en de culturele en spirituele implicaties van een wereld waarin de geest het laatste strijdtoneel is geworden. In het tweede deel, dat uitgebreider en interdisciplinair is, worden de culturele wortels van het idee van universeel bewustzijn onderzocht, evenals de marginale bewijzen die het materialistische model uitdagen en de toekomstscenario's van een wetenschap die in staat is de innerlijke dimensie te omvatten.

De uiteindelijke stelling is zowel geruststellend als revolutionair: hoe krachtig technologieën en neurowetenschappen ook zijn, ze kunnen het bewustzijn niet vangen of programmeren, omdat de menselijke geest put uit een bredere, diepere en onherleidbare bron. Een bron die het individu een intrinsieke, onuitwisbare vrijheid garandeert.

"La mente contesa" richt zich tot een ontwikkeld en nieuwsgierig publiek: lezers die geïnteresseerd zijn in neurowetenschappen, AI, filosofie van de geest, technologiepolitiek en de grote vragen over de menselijke identiteit. Het biedt een heldere, kritische maar niet-ideologische blik, die zowel sceptici als mensen aanspreekt die openstaan voor een niet-dogmatische spiritualiteit.

Kortom, een boek dat bijdraagt aan het hedendaagse debat over wat we zijn, wat we aan het worden zijn en welke krachten de mens proberen te herdefiniëren. Een gids om het heden te begrijpen en je weg te vinden in de toekomst van het bewustzijn.

I. Een nieuw front van kennis.

"De geest is een product van natuurlijke processen, maar de complexiteit ervan overstijgt nog steeds ons begrip."
(Charles Darwin)

De verschuivende grenzen van de geest.

In de afgelopen twintig jaar is de menselijke geest geworden wat de microscoop was voor de negentiende eeuw of de deeltjesversneller voor de fysica van de twintigste eeuw: de nieuwe grens die veroverd moet worden. Het is bijna geruisloos gebeurd, tussen universitaire laboratoria en bedrijfsonderzoekscentra, in de gangen waar ingenieurs, neurowetenschappers en computationele filosofen elkaar tegenkomen zonder nog precies te weten waar de ene discipline ophoudt en de andere begint. Vandaag de dag heeft deze grens een precieze naam: mentale intimiteit. En er is een ongekende wereldwijde concurrentiestrijd om ontstaan.

In Stanford, tijdens een conferentie in 2019 die vaak wordt herinnerd als een culturele mijlpaal, stelde neurotechnoloog Rafael Yuste dat *"de volgende mensenrechten neuronale rechten zullen zijn"*. Dat was geen overdrijving. Toen al waren laboratoria over de hele wereld bezig met het ontwikkelen van methoden om hersensignalen te lezen – en tot op zekere hoogte te herschrijven. Tegelijkertijd waren kunstmatige-intelligentiesystemen, vooral die gebaseerd op grote taalmodellen en diepe neurale netwerken, begonnen met het simuleren van cognitieve processen met een verontrustend realisme. De vraag die veel wetenschappers zich begonnen te stellen was niet langer *"kunnen we dit doen?"*, maar *"wat gebeurt er als we dit doen?"*.

Hier komt de tegendraadse maar steeds vaker besproken stelling in beeld die door dit boek loopt: de geest is niet alleen een product van neuronale e activiteit, noch een emergente functie van berekeningen. Het is veeleer een interface met iets groters en diepers: een Bewustzijnsveld, een niet-lokale dimensie die voorafgaat aan en verder reikt dan de materie. Een stelling die, hoewel ze niet tot de wetenschappelijke mainstream behoort, merkwaardige en soms onverwachte steun vindt in bepaalde randgebieden van de theoretische fysica, de filosofie van de geest en de transpersoonlijke psychologie. Geen dogma dus, maar een werkhypothese die het verdient om met intellectuele eerlijkheid te worden onderzocht.

Je zou kunnen zeggen dat neurowetenschappen en AI, hoewel ze zo verschillend zijn, dezelfde droom delen: de geest ontcijferen. De neurowetenschapper richt zich op de hersenen als kaart van de subjectiviteit; de AI-expert probeert de dynamiek ervan na te bootsen in een kunstmatig systeem. Beiden zoeken, zij het via verschillende wegen, naar een sleutel tot wat in duizenden jaren menselijke geschiedenis in mysterie gehuld is gebleven. Toch blijft er, ondanks de buitengewone vooruitgang, een hardnekkige kern over: het bewustzijn zelf, dat '*gevoel van* zijn' dat Thomas Nagel omschreef als de onmogelijkheid om uit te leggen '*hoe het voelt om een vleermuis te zijn*'.

In deze race worden de ambities steeds explicieter. In 2022 sprak een leidinggevende tijdens een interne presentatie van een bekend technologiebedrijf openlijk over „*de menselijke aandacht bij de bron* vastleggen", waarmee hij het neurocognitieve niveau bedoelde. Een uitspraak die onder insiders de ronde deed als een soort veelzeggende verspreking. Want centraal staat niet alleen de kennis van de geest, maar ook het beheer, de modulatie en de voorspelbaarheid ervan. Kortom, de geest als strategisch terrein van de 21e eeuw.

Dit boek is geschreven om juist dit kruispunt te verkennen: enerzijds de poging, soms naïef, soms verontrustend, om de mentale ervaring te herleiden tot haar fysieke correlaten; anderzijds het bewijs – vaak genegeerd maar nooit helemaal weg te denken – dat het bewustzijn zich onttrekt aan elke poging tot categorisering. Dat het werkt volgens logica's die de neurochemie niet volledig kan doorgronden. Dat soms verschijnselen lijkt te genereren die niet aan materie kunnen worden toegeschreven, alsof de hersenen meer een ontvanger dan een producent zijn.

In een beroemde aantekening uit 1925 schreef Carl Gustav Jung dat *"de psyche niet in ons is, maar dat wij in de psyche zijn"*. Een zin die vandaag, herlezen in het licht van de nieuwe technologieën en de computationele neurowetenschappen, een heel andere betekenis krijgt: misschien is wat we de geest noemen geen verzameling biologische processen in de schedel, maar een voortdurende interactie met een groter veld. Het brein als antenne, het bewustzijn als signaal.

Dit perspectief, dat verre van een metafysisch toevluchtsoord is, zou wel eens de echte inzet kunnen zijn in de concurrentiestrijd tussen wetenschap en technologie. Want als de geest verbonden is met een Bewustzijnsveld, dan zal geen enkele technologie deze ooit volledig kunnen bezitten. Ze zal sommige functies ervan kunnen nabootsen, sommige codes kunnen ontcijferen, sommige dynamieken kunnen beïnvloeden. Maar de bron – het bewustzijn zelf – blijft onoverwinnelijk, ontoegankelijk, onverslaanbaar.

Hier wordt het spel interessant. En hier begint deze reis.

De sleutels tot het innerlijke rijk.

Om echt te begrijpen waarom de geest vandaag de dag een strategisch gebied is geworden, moeten we even afstand nemen van de neurowetenschappelijke laboratoria en de kantoren van de grote technologiebedrijven, en het bredere landschap bekijken: dat van een beschaving die de afgelopen decennia heeft besloten een groot deel van haar macht te bouwen op het sturen van de aandacht, het sturen van verlangens, en de – min of meer openlijke – controle van gedrag. Kortom, de geest is het nieuwe beloofde land van de macht geworden. En zoals in alle beloofde landen het geval is, is er een hectische wedloop om het ontstaan.

Een veelzeggend verhaal stamt uit de jaren direct na 11 september 2001, toen in de Verenigde Staten, binnen sommige federale instanties, een ongebruikelijke uitdrukking de ronde begon te doen: *"cognitive* battlefield" (*cognitief slagveld*).

Dit strategische concept verwijst naar een theorie die vooral in militaire, geopolitieke en veiligheidscontexten wordt gebruikt om een nieuw soort conflict te beschrijven dat niet gericht is op het treffen van fysieke infrastructuur, maar op de menselijke geest. Dit is wat het *"cognitive battlefield"* is:

• Het is de ruimte waarin wordt gestreden om de percepties, meningen, emoties en beslissingen van mensen te beïnvloeden.

• Het doelwit is niet het grondgebied, maar de cognitieve processen van individuen en samenlevingen.

• Het omvat geavanceerde propaganda, desinformatie, psychologische manipulatie, op AI gebaseerde overtuigingstechnieken, gericht gebruik van sociale media, deepfakes en het sturen van het verhaal.

• Het doel is om politieke, militaire of economische voordelen te behalen zonder een schot te lossen, door te sturen hoe de tegenstander denkt of reageert.

Met andere woorden: op het '*cognitieve* slagveld' wordt de geest het belangrijkste strijdtoneel.

Het ging niet alleen om een reactie op terrorisme, maar om een besef: in de nieuwe eeuw zouden conflicten niet langer alleen fysiek zijn, maar ook mentaal. Het vermogen om percepties, beslissingen en emotionele toestanden te beïnvloeden werd een strategische hulpbron, net als olie of technologische suprematie. Sindsdien zijn regeringen en militaire apparaten van verschillende landen – van de Verenigde Staten tot China, via Israël en Zuid-Korea – begonnen te investeren in neurotechnologisch onderzoek, niet uit wetenschappelijke nieuwsgierigheid, maar om dezelfde reden waarom men vroeger vloten en arsenalen bouwde.

Omdat de geest een strategisch terrein is geworden.

Maar het waren niet alleen de staten die in actie kwamen. In het voorjaar van 2018 gaf een topman uit Silicon Valley in een interview met een Franse krant toe, met de eerlijkheid die soms voortkomt uit cynisme, dat *"het echte product van de digitale economie de menselijke geest is*". Deze uitspraak, die als een rode draad door de analyses na het *'Cambridge* Analytica'-schandaal liep, vatte een inmiddels onbetwistbaar feit samen: de hedendaagse economie voedt zich met gegevens – cognitiev s – voorkeuren, gewoonten, onbewuste neigingen – en met technieken om daarop te anticiperen of ze te beïnvloeden.

(Het *'Cambridge* Analytica'-schandaal betrof het onrechtmatig gebruik van de gegevens van miljoenen Facebook-gebruikers om politieke meningen en gedragingen te beïnvloeden door middel van psychologische profileringstechnieken.)

In deze context worden neurowetenschappen en kunstmatige intelligentie waardevolle instrumenten, omdat ze directe toegang beloven tot de interne dynamiek van de mentale ervaring, waarbij culturele filters en het reflectieve bewustzijn worden omzeild.

Er is nog een andere reden, subtieler en misschien nog wel doorslaggevender: de wetenschap heeft altijd de neiging zich te richten op wat ze niet begrijpt. En niets in het bekende universum blijft zo raadselachtig als de geest. In 2020 verklaarde de filosofe Patricia Churchland – een van de bekendste stemmen van het neurobiologisch materialisme – tijdens een conferentie aan *de "London School of* Economics" dat *"het ontcijferen van de geest de laatste stap is om het moderne wetenschappelijke project te voltooien*". Een ambitieuze uitspraak, die echter een diepe motivatie weerspiegelt: de geest begrijpen zou betekenen de mens tot in de kern te begrijpen. En elke instelling die haar eigen toekomst wil vormgeven – van de wetenschap tot de politiek, van de economie tot de industrie – kan niet anders dan zich aangetrokken voelen tot dit doel.

Toch bestaat er, ondanks het grote belang ervan, een tegenstrijdigheid die maar weinigen openlijk durven aan te kaarten: hoewel de geest een strategisch doel is geworden, blijft hij aan elke uitputtende definitie ontsnappen. Telkens wanneer men de geest reduceert tot neurale netwerken, duiken er verschijnselen op die deze netwerken niet kunnen verklaren ; telkens wanneer men de geest vervlakt tot algoritmische berekeningen, verschijnen er ervaringsdimensies die zich niet laten vertalen in computationele termen. Het is alsof er, in het hart van het wetenschappelijk experiment, een onherleidbaar residu blijft bestaan, een kern die zich niet laat vatten.

Het is geen toeval dat sommige theoretische natuurkundigen zich de afgelopen jaren voorzichtig opnieuw zijn gaan afvragen of er vormen van niet-lokale informatiekoppeling bestaan, verschijnselen die – zonder dit noodzakelijkerwijs te bevestigen – het idee van een wijdverspreid bewustzijn oproepen. Niet als mystieke verklaring, maar als alternatieve hypothese voor een materialisme dat steeds meer moeite heeft om de complexiteit van de mentale ervaring te verklaren. Vanuit dit perspectief lijkt de geest niet een gebied dat veroverd moet worden, maar een contactpunt met een grotere dimensie. Een vonk die zich stil verzet tegen elke poging om haar te vangen.

Zo blijft de geest, terwijl de neurowetenschappen en AI vooruitgang boeken, elk met hun eigen ambities, een omstreden terrein, niet alleen omdat iedereen hem wil, maar omdat niemand hem echt kan bezitten. En misschien is dat juist zijn kracht: zijn ongrijpbaarheid is geen beperking van de technologieën, maar een aanwijzing voor zijn diepste aard. Een aard die, zoals we zullen zien, niet alleen lijkt te beantwoorden aan de codes van de biologie of de techniek, maar aan een bredere orde, diezelfde orde die een oud Vedisch adagium beschreef als *"het bewustzijn dat alles wat leeft doordringt en ondersteunt*". Een orde die, hoezeer men ook probeert haar in te perken, zich niet laat domineren. En die van de ' ' het meest waardevolle – en het meest raadselachtige – van de strategische terreinen maakt.

Een verhaal gebaseerd op bewijzen.

Wanneer men een fascinerend en controversieel thema aanpakt als de concurrentie tussen neurowetenschappen, kunstmatige intelligentie en de – meer ongrijpbare maar niet minder relevante – dimensie van het Bewustzijnsveld, is het risico altijd hetzelfde: vervallen in spectaculaire beschrijvingen, toegeven aan sensatiezucht of, integendeel, zijn toevlucht zoeken in steriele techniciteit. Het doel van dit verhaal is anders. Het gaat er niet zozeer om een epos of een manifest te creëren, maar om de sporen van de feiten te volgen, met dezelfde mentale discipline die een historicus toepast op archiefdocumenten of die een verslaggever toepast op getuigenissen die in het veld zijn verzameld.

De discipline van de blik.

Vele jaren geleden merkte socioloog Richard Sennett tijdens een lezing aan de Columbia University op dat *"de kwaliteit van de aandacht het enige betrouwbare kompas is in een wereld die sneller gaat dan haar verklaringen*". Deze – ogenschijnlijk eenvoudige – zin vat goed de geest samen waarin dit werk is ontstaan. Elke bewering die u op de volgende pagina's aantreft, verwijst naar gepubliceerde studies, officiële verklaringen, interviews met onderzoekers, overheidsdocumenten, verslagen van academische conferenties en materiaal dat toegankelijk is voor iedereen die zich hierin wil verdiepen. Het gaat hier niet om een roman vermomd als onderzoek, noch om een verhandeling die erop gericht is vooraf vastgestelde stellingen te bewijzen: het traject wordt geleid door bewijsmateriaal, niet door verwachtingen.

Een veelzeggend voorbeeld, dat laat zien hoezeer een rigoureuze benadering het perspectief kan veranderen, betreft de verspreiding van neuromonitoringapparatuur in klinische en professionele contexten. In 2022 publiceerde de *New York Times* een reportage over een ziekenhuis in Boston waar sommige patiënten, die onderworpen waren aan niet-invasieve hersenmonitoring, spontaan hadden verteld dat ze "een nieuwe helderheid" ervoeren, terwijl het medisch personeel zich beperkte tot het meten van standaard elektrische parameters. Het artikel suggereerde geen enkele mystieke interpretatie; toch wees de discrepantie tussen de subjectieve ervaring en de objectieve meting erop dat geen enkele technologie er echt in slaagt de volledigheid van het mentale fenomeen te vatten. Juist in dergelijke marges, waar gegevens niet alles verklaren, ontstaat de opening om de mogelijkheid van een bredere dimensie te onderzoeken.

Wanneer de feiten de theorieën overstijgen.

In het voorjaar van 2019 verklaarde een van de sprekers – de Duitse neurofysioloog Henning Beck – tijdens een symposium georganiseerd door *het "Max Planck Institute for Human Cognitive and Brain* Sciences" dat *"de geest de wetenschap nog steeds verrast, juist omdat deze nooit volledig samenvalt met de hersenen*". Een uitspraak die voor veel deelnemers een methodologische breuk betekende: geen toegeven aan mystiek, maar de erkenning dat de complexiteit van de menselijke ervaring interpretatieve instrumenten vereist die verder gaan dan louter meten.

Het is via uitspraken als deze dat het verhaal van dit boek zich ontvouwt: door niet alleen te kijken naar wat de wetenschap met zekerheid beweert, maar ook naar wat zij – soms met enige ongerustheid – toegeeft niet volledig te kunnen verklaren. Neurowetenschappelijk onderzoek en de ontwikkeling van kunstmatige intelligentie leveren een groeiende hoeveelheid gegevens op; toch is in die overvloed de grens zichtbaar van een puur technische beschrijving van de geest. De journalistieke benadering maakt het mogelijk deze aanwijzingen te volgen zonder ze te forceren, waarbij de feiten zelf de verbanden suggereren.

Tussen mogelijk en aannemelijk.

In een interview uit 2017 waarschuwde schrijver en essayist Yuval Noah Harari dat *"de grens tussen wat technisch mogelijk is en wat sociaal aanvaardbaar is sneller vervaagt dan we erover kunnen discussiëren*". Deze constatering, hoewel gericht op de macht van Big Data, klinkt met verrassende precisie door ook op het gebied van geavanceerde neurowetenschappen en generatieve AI. De taak van dit boek is om zich precies op die grens te bevinden: vastleggen wat mogelijk is, onderscheiden wat aannemelijk is en afstand houden van wat tot de sciencefiction behoort.

Het is geen toeval dat, zoals de Britse wetenschapsjournaliste Anil Ananthaswamy vaak opmerkt, *"de meest fascinerende verhalen ontstaan wanneer de werkelijkheid de categorieën uitdaagt waarmee we haar waarnemen*". Dit boek neemt dit principe als narratief kompas. Het volgt het onderzoek dat betrekking heeft op neurale manipulatie, de grenzen van het machine learning, de getuigenissen van wetenschappers en technologen die, hoewel ze werken aan de grenzen van het mogelijke, het bestaan erkennen van een onverklaarbaar residu: iets dat lijkt op een bron van betekenis die niet herleidbaar is tot de circuits van de hersenen of tot AI-modellen. Deze rode draad volgen betekent onzekerheid accepteren, maar ook erkennen dat juist in die onzekerheid het meest vitale aspect van het onderzoek schuilgaat.

II. De oorsprong van het verlangen om de geest te beïnvloeden.

"De mens kan worden opgevoed, beïnvloed, gevormd... maar nooit volledig worden gereduceerd tot een mechanisme."
(William James)

De oorsprong: psychologie, propaganda, hypnose.

Elk verhaal over macht begint met een intuïtie over wat er gecontroleerd kan worden. In het geval van de geest ontstaat die intuïtie al tussen het einde van de negentiende en het begin van de twintigste eeuw, wanneer de nieuwe wetenschap van de psychologie zich begint te ontwikkelen als academische discipline. Het is een koortsachtige periode, doorkruist door industriële revoluties, massabewegingen en innovaties op het gebied van communicatie. Steden groeien, de pers wordt een dagelijkse metgezel van de massa, de eerste bioscopen trekken duizenden mensen aan die graag willen zien, geloven en zich laten meeslepen. In dit culturele klimaat was het bestuderen van de geest niet alleen een wetenschappelijke onderneming: het was het openen van een deur waarvan maar weinigen wisten waar die naartoe zou leiden, maar waarvan velen aanvoelden dat die potentieel beslissend zou zijn.

Waar het allemaal begint: de eerste psychologen en de schaduw van de invloed.

In 1890 schreef William James, een van de grote grondleggers van de Amerikaanse psychologie, dat "*aandacht de ervaring bepaalt*". Een zin die decennia lang zou nagalmen, omdat hij al op een centraal punt wees: wie de aandacht beheerst, beheerst ten minste gedeeltelijk de waarneming van de wereld. James had het niet over propaganda, noch over manipulatie; toch waarschuwde hij in zijn colleges aan Harvard voor het idee dat de mens slechts een passieve ontvanger van prikkels was. De geest was plastisch, veranderlijk, doorlaatbaar: eigenschappen die niet onopgemerkt bleven bij regeringen, reclamemakers en nieuwe ondernemers in de communicatiesector.

In diezelfde jaren publiceerde de Fransman Gustave Le Bon in Europa „*De psychologie van de* massa“ (1895), een boek dat zowel democratietheoretici als toekomstige experts op het gebied van autoritaire propaganda diepgaand zou beïnvloeden. Le Bon stelde dat het individu, ondergedompeld in een massa, een deel van zijn kritische vermogen verloor en beïnvloedbaarder werd. Het is indrukwekkend om te zien hoe dit principe, slechts enkele jaren later, eerst werd overgenomen door de Europese regeringen die verwikkeld waren in de Eerste Wereldoorlog, en vervolgens door de communicatieapparaten van de totalitaire regimes van de twintigste eeuw.

De geboorte van de moderne propaganda.

Een van de eerste laboratoria voor collectieve beïnvloeding was het *"Committee on Public* Information", dat in 1917 in de Verenigde Staten werd opgericht om de publieke opinie te ondersteunen met betrekking tot de deelname aan de Eerste Wereldoorlog. George Creel, die er leiding aan gaf, omschreef zijn missie als *"de oorlog heilig maken voor de Amerikanen*". De uitdrukking is veelzeggend: het ging niet alleen om het overbrengen van informatie, maar ook om het sturen van emoties.

Affiches, journaals, openbare lezingen: alles droeg bij aan het creëren van een gedeeld emotioneel klimaat.

De journalist Walter Lippmann, die diezelfde processen gadesloeg, sprak van "consensusvorming" en introduceerde daarmee een begrip dat nog steeds weerklinkt in publieke debatten. Hoewel Lippmann geen theoreticus op het gebied van mind control was, behoorde hij tot de eersten die begrepen hoe de moderne massa's via zorgvuldig afgestemde verhalen konden worden gestuurd, dankzij een groeiende kennis van psychologische mechanismen.

In Europa toonde de nazi Joseph Goebbels in de jaren dertig aan hoe ver politieke communicatie kon gaan wanneer deze als wapen werd beschouwd. In zijn dagboeken noteert hij: *"Propaganda is niet de waarheid. Het is een middel om waarheid te creëren"*. Een zin die, afgezien van de historische gruwel die hij met zich meebrengt, het technische bewustzijn onthult van iemand die precies wist wat het betekende om aan het weefsel van de collectieve perceptie te werken.

In de vouwen van de suggestie: hypnose als dubbelzinnige grens.

Parallel aan de ontwikkeling van de propaganda doorliep hypnose een minder institutioneel maar evenzeer betekenisvol traject. In Nancy, Frankrijk, toonde de arts Hippolyte Bernheim aan het einde van de negentiende eeuw aan dat suggestibiliteit geen marginale eigenschap van het individu was, maar een universeel kenmerk van de menselijke geest. Bernheim fascineerde ook Sigmund Freud, die in zijn eerste jaren van klinische praktijk hypnose gebruikte voordat hij zich op de psychoanalyse richtte.

Een bekend verhaal vertelt hoe Bernheim erin slaagde een patiënt tijdelijk zijn eigen naam te laten vergeten, simpelweg door middel van een posthypnotische suggestie. Het was geen magie, noch goochelarij: het was de ontdekking dat de geest kon worden geleid via paden die niet altijd bewust waren. Het is niet verwonderlijk dat hypnose in de daaropvolgende decennia zowel door clinici als door militaire instanties die geïnteresseerd waren in het potentieel ervan, nauwlettend en me werd gevolgd.

Deze ondergrondse wereld van experimenten, sessies, openbare demonstraties en academische studies leverde nooit een onfeilbare methode op om iemands wil te beheersen. Toch voedde het het idee – voor sommigen verontrustend, voor anderen fascinerend – dat er een grijs gebied bestond waarin de mentale vrijheid kon worden beïnvloed.

Als we deze ontwikkelingen bekijken, komt er een rode draad naar voren: de menselijke geest lijkt, al vanaf de eerste wetenschappelijke verkenningen, zowel kwetsbaar als veerkrachtig, kneedbaar en toch weerbarstig. De geschiedenis van de pogingen om de geest te beïnvloeden is een aaneenschakeling van enthousiasme en desillusies, van veelbelovende experimenten die tegelijkertijd de onoverkomelijke complexiteit van de innerlijke ervaring blootleggen.

Het is in die complexiteit dat, zoals we later zullen zien, sommige onderzoekers en filosofen niet alleen een technische beperking zullen beginnen te zien, maar ook het mogelijke spoor van iets groters: een verspreid bewustzijn dat niet kan worden gedomineerd omdat het niet behoort tot de beperkte perimeter van manipuleerbare verschijnselen. Maar om tot deze diepere inzichten te komen, moeten we eerst het hele historische traject van pogingen om de geest te beheersen doorkruisen, van de meest naïeve tot de meest verfijnde. En alles begint hier, tussen laboratoriumexperimenten, menigten op het plein, hypnotherapeuten en propagandisten die als eersten de kracht zagen die schuilgaat in het sturen van de menselijke aandacht.

De echo van de Ene. Toen het bewustzijn de wereld was.

Er is een merkwaardige paradox in de geschiedenis van het bewustzijn: hoe meer de moderne wetenschap het probeert te vatten met instrumenten, algoritmen en elektrochemische prikkels, hoe meer het haar lijkt te ontglippen. Toch, als we ons naar het verleden zouden wenden, naar die beschavingen die noch over MRI-scanners noch over diepe neurale netwerken beschikten, zouden we een verrassend samenhangend en, in bepaalde opzichten, radicaal breder beeld aantreffen. Het centrale idee, dat verschillende continenten en ver uit elkaar liggende tijdperken gemeen hebben, is dat het bewustzijn niet in het individu ontstaat, maar erdoorheen stroomt.

Het is alsof de Ouden iets hebben begrepen dat de moderniteit, in haar analytische enthousiasme, uit het oog heeft verloren: dat eenheid geen concept is, maar een ervaring.

De oudste stem: Atman en de adem van het universum.

Iedereen die, al was het maar uit nieuwsgierigheid, de *Upanishads* heeft doorgebladerd – die meditaties die tussen de 9e en de 6e eeuw v.Chr. zijn geschreven, waarschijnlijk door asceten die jarenlang teruggetrokken in de bossen van de Ganges leefden – zal een krachtige intuïtie hebben gevoeld. Een beroemde zin uit de *Chandogya Upanishad*, vaak toegeschreven aan de wijze Uddalaka Aruni, luidt: *"Tat tvam* asi", dat wil zeggen: *"Jij bent Dat*".

Het was geen metafoor. Voor die meesters was wat wij "ik" noemen niets anders dan een druppel in de kosmische oceaan, *Atman*, in zijn wezen en essentie identiek aan het oorspronkelijke principe van het universum, *Brahman*. Niet individueel, niet afgescheiden, maar deelhebbend.

Een anekdote, gerapporteerd door Max Müller in de negentiende eeuw, vertelt hoe sommige monniken uit het vedische India ervan overtuigd waren dat zelfs de wind, de regen en de dieren manifestaties waren van het Ene in verschillende vormen. Niet omdat ze de wereld 'spiritualiseerden', maar omdat ze geen scherpe scheiding zagen tussen innerlijkheid en uiterlijkheid. Het bewustzijn behoorde niet toe aan het individu. Het individu behoorde toe aan het bewustzijn.

Deze intuïtie, die verrassend modern is als we haar tegen het licht houden van bepaalde hedendaagse postmaterialistische theorieën, suggereert dat wat wij als individueel waarnemen, slechts een lokale modulatie zou kunnen zijn van een groter veld.

De Tao als veld: de eenheid die door de dingen stroomt.

In de 6e of 5e eeuw v.Chr., terwijl de Vedische scholen hun metafysica van de identiteit tussen microkosmos en macrokosmos verfijnden, schreef Laozi, een oudere ambtenaar (of misschien een legendarische figuur die tot één enkele persoon was samengesmolten), in China een van de meest raadselachtige teksten uit de geschiedenis: de *'Tao Te Ching'*.

In hoofdstuk 25 stelt Laozi dat er *"iets volmaakt en ongedifferentieerds* bestaat, *geboren vóór de Hemel en de Aarde*". Hij noemt het geen Bewustzijn, en evenmin Geest, maar wat hij beschrijft draagt dezelfde intuïtie in zich van een immanent principe dat alle dingen doordringt.

Een negentiende-eeuwse Franse diplomaat, Édouard Chavannes, vertelt in een privébrief dat enkele taoïstische monniken hem in de tempels van de provincie Hunan uitlegden dat de individuele geest te vergelijken was met *„de punt van een penseel gedompeld in de oneindige inkt van de Tao*". Een fascinerende metafoor, die een bijna hedendaags beeld oproept: het persoonlijke bewustzijn als interface, niet als bron.

Terwijl de westerse wereld de neiging had om eenheid te zien als een ordenend principe, beschouwden de taoïsten het als een stroom, als een dynamiek. De Tao is niet statisch: hij stroomt, verbindt, vervaagt. Een opvatting die, eeuwen vooruitlopend, lijkt te anticiperen op moderne visies op de werkelijkheid als een netwerk van relaties, in plaats van als een som van geïsoleerde entiteiten.

De Griekse wegen naar het Ene: van Parmenides tot Plotinus.

Laten we nu naar het Middellandse Zeegebied gaan, waar een man genaamd Parmenides – 5e eeuw v.Chr., stad Elea, kust van Campanië – een filosofisch gedicht schreef. Volgens een overlevering die Simplicio in de 6e eeuw vermeldde, was het gedicht zo belangrijk dat Plato het zelf tegen elke prijs zou hebben gekocht om het uit het hoofd te leren. Het gaat om "Perì physeōs", "Over de natuur".

De kern van het Eleatische werk is een verpletterende zin: *"Het Zijn is één*". Niet veel mensen herinneren zich dit nog, maar Parmenides deed geen metafysische uitspraak in abstracte zin; hij beschreef een ervaring. De godin die in zijn gedicht spreekt, onthult aan de dichter dat de veelheid schijn is, dat er achter de veranderlijke wereld een compacte, onverdeelde, niet-voortgebrachte werkelijkheid schuilgaat.

Dit idee van de oorspronkelijke eenheid loopt als een rode draad door de hele latere traditie. Plato spreekt in de Timaeus over de *"Ziel van de* Wereld" als een levend principe dat de kosmos omhult en bezielt. En Plotinus tilt deze intuïtie in de derde eeuw na Christus naar een bijna duizelingwekkend niveau.

In de 'Enneaden' beschrijft Plotinus het Ene als de bron waaruit Intelligentie en Ziel voortkomen, en spreekt hij over het innerlijke leven van de mens als een 'terugkeer' naar de verloren eenheid. Het is niet verwonderlijk dat Marsilio Ficino een van de meest invloedrijke intellectuelen van het Florentië van de Medici in de Renaissance Plotinus beschouwde als een voorloper van een spiritualiteit zonder religieuze grenzen, waarin het individu slechts een open venster is op de Ene.

Interessant is overigens een anekdote die door Porphyrius wordt vermeld: Plotinus zou hebben geweigerd om zich te laten portretteren omdat hij, naar eigen zeggen, *"het beeld van een zelf dat niet het ware zelf vertegenwoordigde, niet wilde vastleggen*".

Voor hem was persoonlijke identiteit een tijdelijke illusie.

Ervaring gaat voor theorie: bewustzijn als deelname.

Wat opvalt bij het bekijken van deze tradities in hun geheel – Indiase, Chinese, Griekse – is niet zozeer de conceptuele convergentie, als wel de ervaringsgerichte convergentie. Voor de Ouden was eenheid niet het resultaat van een filosofische deductie: het was een innerlijk feit, een directe waarneming.

Pythagoras sprak, volgens een getuigenis van Iamblichus, over *het "licht dat in het hart van de mens schijnt als een weerspiegeling van het licht van de sterren*". Een zin die vandaag de dag misschien poëtisch lijkt, maar die toen een precieze intuïtie uitdrukte: het individuele bewustzijn als vonk van een kosmisch principe.

Dit alles maakt een diep contrast duidelijk met de pretenties van de hedendaagse neurowetenschappen en kunstmatige intelligentie om de geest te verklaren, te meten en soms te beheersen. Voor de Ouden was het bewustzijn geen object om te manipuleren, maar een veld om aan deel te nemen; geen lokaal fenomeen, maar een verbinding.

En misschien is dit wel het interessante knooppunt voor onze tijd: terwijl de technologie het bewustzijn probeert te reduceren tot een algoritme of een circuit, herinneren die eeuwenoude tradities ons eraan dat de individuele geest altijd is gezien als de drempel naar iets oneindig veel groters. Geen privé-fenomeen, maar een open venster op de Eenheid.

En als het vandaag de dag gaat om de strijd om de controle over de geest, is het niet verwonderlijk dat het concept zelf van "Einheit" (wat, in de context van Parmenides, betekent dat het Zijn één, uniek en ondeelbaar is) zich opnieuw opdringt als een verwijzing. Niet als nostalgie, maar als interpretatiesleutel. Want wat deel uitmaakt van het Ene is in zijn essentie niet manipuleerbaar. En dat is het nooit geweest.

De lange mars van het denken naar het materialisme toe.

Op een bepaald moment in de westerse geschiedenis daalde het bewustzijn, bijna zonder dat iemand het echt opmerkte, uit de hemel neer. Duizenden jaren lang had het het meest subtiele en kostbare deel van de mens vertegenwoordigd, een echo van het goddelijke of, op zijn minst, een raakvlak met een orde die verder reikte dan de simpele materie. Maar binnen enkele eeuwen werd het teruggebracht tot een fenomeen onder vele andere: het product van een lichaam, een effect van kwantificeerbare, manipuleerbare en soms zelfs voorspelbare mechanismen.

Het is in die complexe en fascinerende overgang dat zich datgene bevestigt wat we vandaag de dag het materialistische paradigma noemen. Het was niet alleen een intellectuele revolutie: het was een transformatie van de manier waarop het Westen zichzelf zag. Een culturele transitie die de weg zou effenen voor zowel de moderne neurowetenschap als het idee, dat tegenwoordig steeds meer ingang vindt, dat de geest kan worden gesimuleerd – of zelfs overtroffen – door een voldoende geavanceerde kunstmatige intelligentie.

Toen het bewustzijn ophield een heilig mysterie te zijn.

Als er een symbolisch beeld bestaat van het begin van deze transformatie, dan is het dat van René Descartes in zijn Nederlandse toevluchtsoord, in de strenge winter van 1637, terwijl hij de *"Discours de la* méthode" schrijft. Ik stel me de " " voor terwijl hij doet wat hij gewoon was te doen: heen en weer lopen in een kale kamer, zijn gedachten uitwerkend met de geometrische nauwkeurigheid die hem kenmerkte. Hij was geen mysticus. Hij was geen rebel. En toch opende hij, met een schijnbaar onschuldig gebaar – het onderscheiden van de *res cogitans* van *de res extensa* – een breuklijn die de hele westerse cultuur zou doen schudden.

Zijn bedoeling was het innerlijke te redden: het van de materie te scheiden om het te onttrekken aan het opkomende mechanisme. Maar die beschermende daad stelde het uiteindelijk bloot. Door lichaam en geest te scheiden, bood Descartes de wetenschap de materiële helft van de mens aan, en nodigde haar impliciet uit om deze te beschrijven, te ontleden, te verklaren. De geest bleef in het ongewisse, als een kwetsbare entiteit, terwijl het lichaam – gereduceerd tot een radertje – vrij wetenschappelijk terrein werd.

Dit ontging Pierre Gassendi niet, die hem in 1641, in een brief die bekend staat om zijn verrassend actuele voorspelling, schreef: *"Door wat jij de geest noemt van het lichaam te scheiden, vrees ik dat je de weg vrijmaakt voor degenen die zullen zeggen dat de geest niet bestaat*".

Hij had gelijk: door het bewustzijn te beschermen, had Descartes het zijn fundamenten ontnomen.

De Verlichting van de achttiende eeuw nam die scheiding over en voerde haar tot in het uiterste door. De eeuw van de rede had geen geduld voor immateriële substanties, zielen, onzichtbare velden. Ze zocht eenvoud, symmetrie, voorspelbaarheid. En als het om de geest ging, was de eenvoudigste oplossing deze tot materie te reduceren.

Julien Offray de La Mettrie, arts en onvermoeibare polemist, was waarschijnlijk de meest gedurfde. Toen in 1747 L'*Homme* Machine publiceerde, veroorzaakte hij een kleine intellectuele aardbeving. In dat werk, geschreven tijdens zijn ballingschap in Nederland, stelde hij dat het bewustzijn een verfijnd product was van georganiseerde materie: niets meer dan een complexe uitdrukking van lichamelijke functies.

Een ooggetuige uit die tijd vertelt over een diner in Berlijn, aan het hof van Frederik II, waar La Mettrie – tussen de gangen door, met een geamuseerde glimlach – verklaarde dat *"als we materie op de juiste temperatuur konden bereiden, zelfs een steen zou kunnen denken*". Dit was geen gratuite provocatie: het was de logische conclusie van zijn radicale materialisme.

Ondertussen vormde de industriële revolutie het collectieve bewustzijn. Stoommachines stoomden voort als nieuwe, moderne titanen; fabrieken leken mechanische organismen met ritmes, functies en hiërarchieën. In een wereld die als een raderwerk werd ervaren, leek het brein onvermijdelijk een complexere machine.

De negentiende eeuw versterkte dit idee alleen maar. Paul Broca, die tussen 1861 en 1865 zijn afatische patiënten bestudeerde in het sobere auditorium van *het „Hôpital* Bicêtre", markeerde een punt van geen terugkeer. Hij identificeerde een specifiek gebied in de hersenen dat verband hield met de taalproductie. De pers juichte: *„De zetel van het denken is gelokaliseerd*!" In al dat enthousiasme merkte bijna niemand de impliciete vereenvoudiging op: het vinden van het anatomische equivalent betekende niet dat men het bewustzijn had begrepen. Maar de boodschap kwam toch over. De geest leek een orgaan te zijn tussen de andere organen.

De triomf van de materie en de verdringing van het innerlijke.

De definitieve ommekeer kwam in de twintigste eeuw, toen het behaviorisme voor eens en voor altijd bepaalde wat wetenschappelijk was en wat niet.

In 1913 stelde John Watson met zijn manifest *"Psychology as the Behaviorist Views* It" een nieuwe norm vast: wat innerlijk is, is irrelevant; wat niet zichtbaar is, bestaat niet, althans voor de wetenschap. Het laboratorium werd zijn tempel, het gedrag zijn bijbel.

Ivan Pavlov, aan de andere kant van Europa, leverde de perfecte fysiologische bevestiging. Zijn studies naar geconditioneerde reflexen toonden aan dat zelfs complex gedrag kon worden gevormd als automatische reacties. Tussen 1897 en 1927, in zijn laboratoria in Sint-Petersburg, begonnen de honden van Pavlov stipt te kwijlen bij het geluid van een bel. Als het mogelijk was om een dier op die manier te conditioneren, waarom dan niet een mens?

Het bewustzijn werd uitgeroepen tot een te ongrijpbaar, te subjectief fenomeen. De neurowetenschappen maakten vanaf de jaren 80 het werk af. De functionele MRI-beelden, met hun felle kleuren, leken bijna te verkondigen: *"Hier is het bewustzijn, hier is het, in de hersenen*". Elke mentale toestand vond zijn "neurale handtekening", alsof er een gebied in kaart werd gebracht dat voorheen tot het sacrale behoorde.

In dit culturele klimaat leek het idee dat de geest gesimuleerd kon worden – en dus gedupliceerd, geanticipeerd, gemanipuleerd – geen ketterij meer. Het was bijna een logische gevolgtrekking. Als de geest het brein is, en het brein een machine, dan kan een andere, voldoende complexe machine hetzelfde doen.

En toch verborg deze triomf van de materie een kwetsbaarheid. Op het moment dat het bewustzijn een epifenomeen werd, een bijproduct, een neveneffect van de hersenactiviteit, ontstond er ook een nieuwe onrust: wat waren we kwijtgeraakt door de innerlijkheid buiten beeld te laten? Wat hadden we opgeofferd op het altaar van de meetbaarheid?

Halverwege de twintigste eeuw schreef Aldous Huxley, toekijkend op het overweldigende succes van het neuro-gedragsdeterminisme, een zin die vandaag de dag nog steeds als een waarschuwing klinkt: *"We hebben zo goed geleerd de geest tot een mechanisme te reduceren, dat we vergeten zijn dat wij het zijn die deze van binnenuit ervaren*".

Het materialistische paradigma leek lange tijd definitief. Maar geen enkel paradigma is dat echt. En terwijl de neurowetenschappen en kunstmatige intelligentie vandaag de dag proberen de geest binnen te dringen om deze te modelleren of te voorspellen, worden de scheuren steeds groter. Niet alleen in de wetenschap, maar ook in onze diepste intuïties.

Misschien was het materialisme een noodzakelijke en krachtige etappe, maar niet het einddoel. En iets – een herinnering, een oude echo, een diepgevoelde intuïtie – vraagt ons opnieuw of het bewustzijn werkelijk samen met de materie is ontstaan, of dat, zoals veel oudere tradities suggereren, de materie juist uit het bewustzijn is voortgekomen. Het antwoord is, zoals altijd, nog onderweg.

In het schaduwlaboratorium van de Koude Oorlog.

Om de grenzeloze ambitie van de programma's van de Koude Oorlog op het gebied van mentale manipulatie te begrijpen, moeten we terugkeren naar een tijdperk waarin alles mogelijk leek – en alles bedreigend leek. De jaren vijftig en zestig zijn een gebied van verdenkingen, dubbelspel en geheime dossiers. De wereld leeft in de lange schaduw van atoomwapens, maar in de meest vertrouwelijke kantoren van de westerse en oosterse inlichtingendiensten heerst een andere angst, minder spectaculair maar niet minder verontrustend: dat de vijand bezit zou kunnen nemen van de geest van burgers, soldaten en politieke leiders. In dit klimaat ontstaat een van de meest controversiële hoofdstukken uit de wetenschappelijke en geopolitieke geschiedenis van de twintigste eeuw.

De droom van het perfecte wapen.

Aan de basis lag een idee dat even oud was als de macht: controle over de geest betekende controle over al het andere. Maar in de naoorlogse periode kreeg dit idee technocratische contouren. Verslagen over door de Sovjets gevoerde ondervragingen, echt of vermeend, voedden in de Verenigde Staten de overtuiging dat Moskou een vorm van “hersenspoeling” had ontwikkeld, een term die al snel in het algemene vocabulaire zou worden opgenomen.

De schrijver Richard Condon publiceerde in 1959 '*The Manchurian* Candidate', een roman die de verbeelding van die tijd perfect weergeeft: geconditioneerde agenten, verborgen bevelen in het geheugen, ' ' totale gehoorzaamheid. Het is fictie, zeker, maar het komt voort uit een reële culturele context, doordrenkt van paranoia en het verlangen om een dreiging te voorkomen die veel ambtenaren als tastbaar beschouwden.

MK-Ultra: anatomie van een verboden project.

In 1953 startte de CIA officieel een programma dat het symbool zou worden van de excessen van de Koude Oorlog: MK-Ultra. De directeur van de dienst, Allen Dulles, keurde het project goed in een droog, bureaucratisch, bijna onschuldig document; maar achter die handtekening ging een wijdvertakt laboratorium schuil dat in de loop der jaren universiteiten, ziekenhuizen, gevangenissen en psychiatrische instellingen zou betrekken.

Het officiële doel – het verkennen van de grenzen en mogelijkheden van mind control – vertaalt zich in de praktijk in experimenten die even ambitieus als vaak ethisch rampzalig zijn. De chemicus Sidney Gottlieb, een legendarische maar ongrijpbare figuur, leidt de afdeling die belast is met het testen van psychotrope stoffen. LSD, mescaline, barbituraten en medicijncocktails worden soms toegediend aan vrijwilligers die op de hoogte zijn, maar vaker aan nietsvermoedende patiënten of aan mensen die als 'vervangbaar' worden beschouwd.

Een van de bekendste voorvallen betreft Frank Olson, een militair bioloog die in 1953 omkwam toen hij uit een raam op de tiende verdieping van het Statler Hotel in New York viel. De officiële versie spreekt van zelfmoord, maar jaren later kwam aan het licht dat hem tijdens een geheime bijeenkomst van de CIA zonder zijn toestemming LSD was toegediend. De zaak, die nooit helemaal is opgehelderd, zou het perfecte symbool worden van de ondoorzichtigheid van die programma's.

MK-Ultra beperkte zich niet tot middelen. In de vrijgegeven archieven duiken verwijzingen op naar hypnose, zintuiglijke deprivatie, slaaptekort en manipulatie van emotionele toestanden. In een rapport uit 1955 wordt expliciet gesproken over *"technieken om de weerstand van de persoonlijkheid te* verzwakken", een uitdrukking die de bijna ingenieursachtige houding onthult waarmee sommige onderzoekers de menselijke psyche beschouwden.

Zintuiglijke deprivatie trok bijvoorbeeld veel belangstelling. Aan *het "McGill University's Allan Memorial* Institute" toonde psychiater Donald Hebb aan dat enkele uren in een omgeving zonder prikkels de perceptie van tijd en werkelijkheid ingrijpend konden veranderen. In de Verenigde Staten werden deze resultaten gelezen met een impliciete vraag: kon de tijdelijke desintegratie van het bewustzijn een operationeel instrument worden?

Een andere figuur die zich in deze grijze zone begeeft, is de arts Ewen Cameron, eveneens actief in Montréal. Cameron experimenteerde met wat hij *'depatterning'* noemde: het uitwissen van mentale patronen door middel van herhaalde elektroshocks en massale doses psychofarmaca, om vervolgens te proberen nieuwe psychologische structuren te 'herplanten' door middel van suggestiesessies. Decennia later behoren de getuigenissen van zijn patiënten – die zich vaak niet bewust waren van het werkelijke doel van de experimenten – nog steeds tot de meest verontrustende hoofdstukken in de geschiedenis van de twintigste-eeuwse psychiatrie.

Het wereldwijde schaakbord van manipulatie.

Het zou naïef zijn te denken dat de Verenigde Staten de enige hoofdrolspelers in deze periode waren. Ook de Sovjet-Unie, het maoïstische China en enkele Oost-Europese landen werkten aan hypnose, experimentele drugs en technieken voor psychologische conditionering. Er zijn minder documenten beschikbaar, maar het is bekend dat er in Leningrad al in de jaren vijftig onderzoek werd gedaan naar suggestie en mentale weerstand, vanuit de gedachte dat psychologie een wapen kon worden dat net zo belangrijk was als raketten.

De obsessie was gemeenschappelijk aan beide blokken: als de atoombom het geopolitieke lot bepaalde, leek mentale manipulatie het lot van het individu te kunnen bepalen. En in een tijdperk waarin de identiteit van de ideologische grenzen van vitaal belang was, betekende het beheersen van het individu het behoud van het systeem.

Achteraf gezien is het opvallend hoeveel middelen er zijn geïnvesteerd in een idee dat uiteindelijk meer illusoir dan concreet bleek te zijn. Geen van de programma's uit de Koude Oorlog is erin geslaagd om totale controle over de geest te verkrijgen, noch om betrouwbare technieken te ontwikkelen voor permanente beïnvloeding van de wil. De experimenten hebben meer de onvolmaaktheid van de theoretische modellen aan het licht gebracht dan de kneedbaarheid van het bewustzijn.

En juist hier opent het discours zich naar een diepere dimensie. Hoe radicaal, ingrijpend en soms wreed de pogingen om de psyche te manipuleren ook waren, ze botsten op iets dat zich onttrok aan de procedures, de protocollen en de neurochemische modellen. De geest, hoewel kwetsbaar, vertoonde een intrinsieke weerstand, een soort oorspronkelijke veerkracht.

Voor sommigen is deze veerkracht niet alleen een technische beperking. Het is het teken – zichtbaar maar nooit volledig ver f verklaarbaar – dat het bewustzijn niet samenvalt met de simpele werking van de hersenen. Maar voordat we bij deze overwegingen uitkomen, moet de historische weg nog een laatste drempel overschrijden: de intrede in het digitale tijdperk, waar controle niet langer wordt nagestreefd met drugs of ondervragingen, maar met algoritmen, data en onzichtbare architecturen. Toch blijven de wonden en onthullingen van de Koude Oorlog een waarschuwing: de geest behoudt, zelfs onder belegering, altijd zijn eigen geheim.

In de stilte van de algoritmen: hoe het digitale tijdperk de geest herschrijft.

Om de ambitie van het digitale tijdperk om de menselijke geest te kneden te begrijpen, moeten we uitgaan van een onverwachte paradox: nog nooit eerder hadden we toegang tot instrumenten die emancipatie, kennis en vrijheid van meningsuiting beloven. Toch hebben we zelden in de menselijke geschiedenis in een omgeving geleefd die met evenveel vastberadenheid probeert ons gedrag te voorspellen en te sturen met de precisie van een ruimtevaartingenieur.

Het is een stille transformatie, die zonder veel ophef heeft plaatsgevonden. Geen groot geheim laboratorium, geen chemicus met onconventionele methoden. De nieuwe manipulatie ontstaat daarentegen op de universiteitscampussen van Silicon Valley, in *de* door neon verlichte *coworkingruimtes* van Shenzhen, in de kantoren van Londen en Dublin waar jonge afgestudeerden in statistiek of cognitieve wetenschappen voorspellingsmodellen verfijnen. Het is de overgang van analoog naar digitaal, van machinaties naar metingen, van dwang naar architectuur.

Van psychologie naar datalogie: de mens wordt een verzameling variabelen.

Elk tijdperk heeft zijn eigen observatie-instrumenten gehad. De negentiende eeuw had de microscoop, de twintigste eeuw de psychoanalyse en de propaganda; de eenentwintigste eeuw heeft *big data*. In 2008 toont een jonge onderzoeker uit Cambridge, Michal Kosinski, aan dat door de 'likes' op Facebook te analyseren, de persoonlijkheid van een gebruiker met verrassende nauwkeurigheid kan worden afgeleid. Het was geen project dat was opgezet met het oog op sociale controle, maar het maakte de weg vrij voor een vraag die de politiek, de marketing en de cultuur zou veranderen: als we met een algoritme begrijpen wie iemand is, kunnen we dan ook voorspellen wat hij of zij zal doen? En, subtieler nog, kunnen we hem of haar sturen in de richting van wat wij willen dat hij of zij doet?

Het principe is al heel oud. Theodor Adorno waarschuwde al dat *'het geheim van de moderne heerschappij erin bestaat de mensen beter te kennen dan zij zichzelf kennen'*. Maar in het digitale tijdperk wordt deze kennis geautomatiseerd en vermenigvuldigd: duizenden dagelijkse signalen – webgeschiedenis, geolocatie, verblijftijd op een pagina – worden de grondstof om een functioneel model van de geest te bouwen. En zoals elk model, geeft het ook de meest kwetsbare punten aan.

De uitvinding van nudging: het vriendelijke duwtje dat niet zo vriendelijk is.

Een van de meest symbolische voorbeelden van hedendaagse *"soft* manipulation" ontstaat in een onverwachte context: de gedragseconomie. Richard Thaler en Cass Sunstein bedachten in 2008 de term "nudge", *het "zachte* duwtje" dat mensen uitnodigt om de keuze te maken die als de beste wordt beschouwd, zonder deze op te leggen. Een klassiek voorbeeld: een product in de supermarkt op ooghoogte plaatsen, zodat klanten het gemakkelijker kiezen.

Maar wanneer de dynamiek van nudging wordt vertaald naar de digitale wereld, verandert de reikwijdte ervan radicaal . Algoritmen beperken zich niet tot het plaatsen van producten op de schappen: ze reconstrueren onze voorkeuren, anticiperen op onze aarzelingen en passen hun manier van 'duwen' voortdurend aan op basis van hoe we reageren. Het is een asymmetrische dialoog: wij zien alleen het effect; zij zien alles wat ons naar dat effect heeft geleid.

In 2014 legde een ingenieur van Google tijdens een conferentie – met ontwapenende oprechtheid – uit: *"We krijgen de aandacht van mensen niet. We kweken* die." Het is een zin die de kern van de digitale economie blootlegt: aandacht wordt niet gevangen, maar in de loop van de tijd gevormd, zoals bij een bonsaiboompje. En de kracht van deze vormgeving ligt in het feit dat ze vrijwillig, natuurlijk en zelfs wenselijk lijkt.

Het "digitale panopticum": bewaking, platforms en gemanipuleerde verlangens.

In de jaren zestig omschreef socioloog Stanley Cohen *de* "bewakingsmaatschappij" als een mogelijk, maar nog ver weg liggend toekomstbeeld. Vandaag is dat toekomstbeeld alledaags geworden. Slimme camera's herkennen ons in winkelcentra; spraakassistenten registreren emotionele nuances in onze woorden; zoekmachines archiveren jaren aan intieme zoekopdrachten.

Terwijl Jeremy Bentham zich het *Panopticon* voorstelde als een centrale toren van waaruit gevangenen konden worden geobserveerd, werkt het digitale Panopticon juist andersom: er is geen centrum meer, maar een netwerk. We worden niet door één enkel oog in de gaten gehouden, maar door miljoenen automatische ogen die voortdurend leren. China, met zijn *sociale kredietsysteem*, is het meest in het oog springende voorbeeld, maar niet het enige. De Verenigde Staten passen gedistribueerde bewaking toe via particuliere platforms; in Europa is traceerbaarheid, ondanks strengere regelgeving, inmiddels een feit.

Een veelzeggend voorval, onthuld door de New York Times in 2019, betreft een bekende fitness-app. De geolocatiegegevens ervan, die anoniem openbaar werden gedeeld, maakten het onbedoeld mogelijk om de plattegronden van enkele militaire bases in het Midden-Oosten te reconstrueren. Een paar kruisverwijzingen van informatie waren voldoende om alledaagse activiteiten om te zetten in strategische informatie. Dit toont aan hoe weinig 'alledaags' is wat we delen.

De onzichtbare weerstand van het bewustzijn.

In dit nieuwe tijdperk probeert manipulatie niet langer de wil met geweld te breken: ze dringt zich liever op in routines, behoeften en dagelijkse aspiraties. Het is een invloed die werkt door verzadiging, niet door oplegging. Maar hoe geavanceerd het digitale arsenaal ook is, er blijft een breuklijn opduiken: het bewustzijn reageert niet altijd zoals verwacht. Het is niet alleen een kwestie van statistische fouten of onverwachte vooroordelen. Het is dat de menselijke geest, in zijn diepste wezen, een zone van radicale onvoorspelbaarheid behoudt.

Sommige hedendaagse filosofen, zoals Thomas Nagel, hebben erop gewezen dat *"de subjectieve ervaring niet kan worden herleid tot een som van waarneembare processen*". En het is juist deze subjectieve kern die zich onttrekt aan pogingen tot cognitieve bewaking: wat er gebeurt in het diepste van de blik, op het moment dat we beslissen of we al dan niet klikken, of we al dan niet geloven, of we al dan niet vertrouwen hebben in het algoritme dat tot ons spreekt.

Het digitale tijdperk kan proberen in kaart te brengen, te voorspellen, te kanaliseren; maar het kan niet de vonk vangen die, in elk individu, aan berekenbaarheid ontsnapt. Het is die vonk – dezelfde die algoritmen niet kunnen classificeren – die ons eraan herinnert dat de geest, hoewel onderworpen aan oneindige druk, nooit ophoudt op een onverwachte en verrassende manier onherleidbaar vrij te zijn.

Wanneer het rationele niet langer volstaat.

Iedereen die de ontwikkeling van het debat over geest, brein en bewustzijn in de afgelopen dertig jaar heeft gevolgd, weet dat het terrein glad is geworden. Veel wetenschappers blijven het idee verdedigen dat bewustzijn neerkomt op een neuronale uitkomst, maar anderen – in steeds grotere getale – begeven zich naar de rand van wat tot een generatie geleden nog als denkbaar werd beschouwd.

Precies hier begint dit tweede deel van het boek: in een tussengebied waar de rigide zekerheid van de traditionele neurowetenschappen plaats maakt voor moedigere vragen, en waar Kunstmatige Intelligentie – bedoeld om mentale processen na te bootsen – uiteindelijk aan het licht brengt hoeveel we nog niet weten over de geest zelf.

Het is geen toeval dat de filosoof Thomas Kuhn al in de jaren zestig opmerkte dat elke grote wetenschappelijke revolutie begint met een opeenstapeling van anomalieën. En vandaag de dag ontbreken de anomalieën niet op het gebied van bewustzijnsstudies. Ze variëren van observaties van de subjectieve ervaring – dat onherleidbare gevoel iemand te zijn – tot verschijnselen die zich onttrekken aan de conventionele neurale verklaring.

De Portugese neurowetenschapper António Damasio vatte het tijdens een toespraak in Lissabon treffend samen: *"Het bestuderen van het bewustzijn met de instrumenten die we vandaag de dag hebben, is als proberen de wind te meten met een thermometer*". Een tweede deel van het boek is dan ook onvermijdelijk: er is ruimte nodig om datgene aan te pakken wat de gevestigde modellen niet langer kunnen bevatten.

De terugkeer van de innerlijkheid in de hedendaagse wetenschap.

We leven in een tijdperk waarin technologie doordringt in elke dagelijkse handeling, en toch stellen filosofen, psychologen, neurowetenschappers en natuurkundigen zich nu meer dan ooit vragen over de waarde van de innerlijke ervaring. Het is een soort culturele terugslag op de toenemende externalisering van het mentale leven.

Een Spaanse socioloog merkte op dat terwijl de samenleving steeds meer cognitieve functies aan AI-systemen delegeert – geheugen, keuze, oriëntatie – de belangstelling voor meditatie, contemplatieve staten en introspectie paradoxaal genoeg toeneemt. *"Het is alsof we ons met denkende machines moesten omringen om ons eraan te herinneren dat ons bewustzijn geen machine* is", zei hij ironisch.

Deze verdiepingsrubriek is juist voortgekomen uit deze spanning. Het is een poging om de drempel te overschrijden die scheidt wat de traditionele wetenschap als legitiem beschouwt van wat de toekomstige wetenschap zou kunnen omarmen. En dat doet ze zonder dogmatische pretenties, maar met de overtuiging dat onderzoek naar het bewustzijn vandaag de dag een verbreding van het onderzoeksveld vereist, geen vernauwing.

III. De wereldwijde race om het brein in kaart te brengen.

"Het brein is het meest buitengewone stukje georganiseerde materie in het bekende universum."
(Gerald Edelman)

Het in kaart brengen van de hersenen: beloften en beperkingen.

De droom om het menselijk brein in kaart te brengen fascineert al minstens een eeuw neurowetenschappers, filosofen en visionairs. Maar pas in de afgelopen tien jaar heeft deze droom de omvang aangenomen van een ware wereldwijde race, vergelijkbaar met de race naar de maan of het ontcijferen van het menselijk genoom. In deze race zijn er geen raketten of ondergrondse laboratoria: in plaats daarvan zijn er supercomputers, uiterst geavanceerde beeldvormingstechnologieën en een hoeveelheid gegevens die het onvoorstelbare benadert.

Aan de ene kant is de belofte onweerstaanbaar: begrijpen hoe een gedachte ontstaat, hoe een herinnering wordt gevormd, hoe een beslissing tot een handeling leidt. Aan de andere kant hangt er een meer impliciete ambitie in de lucht, die bijna nooit publiekelijk wordt uitgesproken: als we erin slagen het brein met voldoende precisie in kaart te brengen, kunnen we ook proberen het te beïnvloeden. Het is deze spanning, die zweeft tussen wetenschap en het verlangen naar controle, die de onderneming even aantrekkelijk als controversieel maakt.

Het oneindige in kaart brengen: de ambitie van grote internationale projecten.

Om de reikwijdte van het huidige tijdperk van de neurowetenschappen te begrijpen, volstaat het om, al is het maar virtueel, de campus in Genève te betreden waar jarenlang het "*Human Brain* Project" van de Europese Unie actief was. Het project, dat in 2013 van start ging met een startkapitaal van meer dan een miljard euro, had een ambitieus doel: het bouwen van een volledige digitale simulatie van het menselijk brein. Geen anatomisch model, maar een 'computertweeling' die in staat is om echte neurale activiteiten te reproduceren.

Neurowetenschapper Henry Markram, de belangrijkste initiatiefnemer van het project, beschreef het met een metafoor die bij velen indruk maakte: "*We willen een telescoop voor de geest creëren.*" Maar zoals vaak het geval is bij grootse visies, bleek de werkelijkheid complexer. De verzamelde gegevens waren indrukwekkend, maar niet voldoende om de dynamische rijkdom van de hersenen vast te leggen; de simulatie, hoe krachtig ook, bleef achter bij de verwachtingen. In 2023 werd het project afgerond en liet het een geavanceerd technologisch platform en veel open vragen na.

In de Verenigde Staten was het antwoord het *"BRAIN* Initiative", dat in 2013 door Barack Obama in het Witte Huis werd aangekondigd. Bij die gelegenheid vergeleek de president het project met de ontdekking van de structuur van het DNA, waarmee hij een nieuw tijdperk in de biologie inluidde. Het doel was anders dan dat van Europa: niet het brein simuleren, maar de activiteit van duizenden neuronen in realtime in kaart brengen, door instrumenten te ontwikkelen die het onzichtbare kunnen waarnemen, bijna als een Hubble-telescoop gericht op de diepten van het biologische innerlijk.

Parallelle projecten zijn ontstaan in Japan, China en Zuid-Korea, vaak met benaderingen die nog meer geïntegreerd zijn met kunstmatige intelligentie. Het is een wereldwijde beweging, gedreven door een gemeenschappelijke belofte: de meest gedetailleerde geografie bouwen die de mensheid ooit heeft bedacht, de geografie van onze eigen mentale mogelijkheden.

De nieuwe 'lenzen' op het denken: revoluties en illusies van neuroimaging.

Als er één sector is waarin de neurowetenschappen echt reuzenstappen hebben gezet, dan is het wel die van de neuroimagingtechnieken. Functionele magnetische resonantie, geïntroduceerd in de jaren negentig, maakt het vandaag de dag mogelijk om hele hersennetwerken te observeren terwijl ze een taak uitvoeren: een zin lezen, een gezicht onthouden, een beslissing nemen. Instrumenten zoals magneto-encefalografie detecteren neurale oscillaties met een tijdsnauwkeurigheid die de milliseconde benadert.

In 2022 haalde een team van de Universiteit van Texas wereldwijde bekendheid door fragmenten van de mentale inhoud van enkele vrijwilligers te 'reconstrueren' dankzij een taalkundig model dat was getraind op fMRI-gegevens. De teruggewonnen beelden waren verre van de filmische scherpte die sommigen hadden verwacht, maar ze wezen een duidelijke richting uit: het was geen sciencefiction meer om te denken aan een kunstmatige intelligentie die in staat is om denkpatronen te decoderen op basis van neurale activeringspatronen.

Toch komt hier de eerste grote illusie naar voren. Hoe geavanceerd deze technologieën ook zijn, ze 'zien' geen gedachten. Ze zien correlaties, patronen, waarschijnlijkheden. Het zijn kaarten van bloedstromen, magnetische velden, elektrische oscillaties: aanwijzingen, geen essenties. Het is alsof je een roman probeert te begrijpen door de oogbewegingen te observeren van degene die hem leest . Je kunt een ritme, een emotie aanvoelen, maar de betekenis ontgaat je.

De filosoof en neurowetenschapper Francisco Varela herinnerde er vaak aan dat *'het bewustzijn een belichaamd fenomeen is, maar niet kan worden herleid tot zijn neurale correlaten'*. Een zin die zwaar weegt in de handen van wie hoopt om, aan de hand van een activeringsgrafiek, het innerlijke labyrint te reconstrueren waaruit de subjectieve wereld tevoorschijn komt.

Het ondoorgrondelijke labyrint van de geest: waarom het lezen van gedachten een illusie blijft.

Ondanks de vooruitgang blijft het nauwkeurig lezen van gedachten een luchtspiegeling om redenen die zowel technisch als filosofisch zijn.

De eerste is de complexiteit. Elke seconde voert het menselijk brein miljoenen parallelle bewerkingen uit, waarbij chemische, elektrische en trillingssignalen met elkaar verweven worden. Dit alles terugbrengen tot een beeld of een algoritme betekent een drastische vereenvoudiging van een fenomeen dat geen enkel centrum, geen enkel spoor, geen enkele handtekening heeft.

De tweede reden is de variabiliteit. Geen enkel brein is hetzelfde, en zelfs het brein van dezelfde persoon verandert voortdurend: door emotionele toestand, context, geheugen, lichaam. Elke decodering vereist een lange fase van gepersonaliseerde training, en er bestaat – althans voorlopig – geen "universele grammatica van het denken".

De derde reden is misschien wel de meest ongrijpbare: de geest valt niet samen met zijn correlaten. Zelfs als alle neuronen in realtime in kaart zouden worden gebracht, zou er een residu van innerlijkheid overblijven dat de wetenschap niet weet hoe ze moet behandelen, een soort vrijheidsmarge die aan elk determinisme ontsnapt. Sommige neurowetenschappers doen dit af als statistische ruis; anderen, zoals David Chalmers, zien hierin de grens van *het 'moeilijke bewustzijnsprobleem*'.

In dit ongrijpbare gebied herkent iemand daarentegen het spoor van een breder, niet-gelokaliseerd Bewustzijnsveld, dat zich via de hersenen uitdrukt maar daar niet ophoudt. Als dat zo zou zijn, dan zou geen enkele kaart voldoende zijn om de essentie van de geest te vatten, net zoals geen enkele landkaart de geest van een landschap kan bevatten.

En dit is misschien wel het belangrijkste punt van de hedendaagse neurowetenschappelijke grens: we kunnen steeds nauwkeurigere grenzen trekken, maar het essentiële element blijft ons ontglippen. Net als een reiziger die door de woestijn trekt en een lijn aan de horizon volgt die bij elke stap verder weg lijkt, vordert de wetenschap zonder ooit het einddoel te bereiken. Maar het is in deze oneindige spanning, meer dan in het resultaat, dat de grootsheid van de onderneming wordt gemeten.

De nieuwe technologieën die in dialoog willen treden met de hersenen.

Als er één plek is waar de grens tussen wetenschap en sciencefiction lijkt te vervagen, dan is het wel die van de opkomende neurotechnologieën. Vandaag de dag werken neurowetenschappers en ingenieurs in de laboratoria van het MIT, de *Stanford School of* Medicine of het Weizmann *Institute* in Rehovot zij aan zij als moderne ambachtslieden aan een onderneming die ooit als heiligschennis zou zijn beschouwd: verbinding maken met het menselijk brein, het lezen, stimuleren en soms proberen te interpreteren. Het is de nieuwe grens van de relatie tussen mens en machine, een grensgebied waar de ambitie om de geest te manipuleren botst met het mysterieuze verzet van datgene wat zich aan elke vorm van engineering onttrekt, dat gebied van innerlijkheid dat velen nog steeds beschouwen als de manifestatie van een groter Bewustzijnsveld.

Van stroom naar bewustzijn: het tijdperk van neurostimulatie.

De technieken van neurostimulatie, die tegenwoordig uitgebreid worden bestudeerd en getest, zijn niet van gisteren. Al in de jaren vijftig verbaasde de Spaanse neurochirurg José Delgado de wereld door een arena in Córdoba binnen te gaan en de aanval van een stier te stoppen met een simpele radio-impuls die naar een elektrode in de caudatuskern werd gestuurd. Het beeld van de stier die tot stilstand komt op slechts enkele meters afstand van de man die alleen bewapend is me t van een zender is een icoon geworden — maar ook een waarschuwing.

Tegenwoordig is neurostimulatie veel verfijnder. Niet-invasieve technieken zoals TMS (*transcraniële magnetische stimulatie*) of tDCS (*transcraniële gelijkstroomstimulatie*) beloven de activiteit van hersengebieden die verband houden met depressie, angst en neuropathische pijn te moduleren. In de gangen van *de Harvard Medical School* wordt gesproken over gepersonaliseerde protocollen op basis van de elektrische vingerafdruk van elk individu, een soort neurale intonatie die de technologie tracht te harmoniseren.

Toch ontbreekt het ons, ondanks de vooruitgang, nog steeds aan een nauwkeurig beeld van hoe externe prikkels zich vertalen in innerlijke ervaringen. De filosoof Thomas Metzinger merkte op dat *"we de hersenen benaderen als een beginnende pianist, in staat om afzonderlijke noten te spelen maar zich niet bewust van de algehele harmonie*." De metafoor is ruimhartig: in de praktijk blijft ons vermogen om de ervaring te moduleren veel beperkter dan de populaire verhalen suggereren.

De verleiding van direct contact: de opkomst van hersen-computerinterfaces.

De grote conceptuele sprong komt met hersen-computerinterfaces (BCI's), die zich niet beperken tot het stimuleren: ze willen communiceren. In 2016 liet een team onder leiding van Leigh Hochberg aan de

Brown University een tetraplegische patiënt een robotarm bewegen met behulp van alleen de neurale activiteit die werd geregistreerd door een intracorticaal implantaat. De handeling leek eenvoudig – een kopje vastpakken, het naar de lippen brengen – maar het was een mijlpaal: een gedachte werd ge e en vertaald in mechanische actie via een hybride circuit, half menselijk en half kunstmatig.

Sindsdien is het onderzoek in een stroomversnelling geraakt. Het *Neuralink-project* van Elon Musk heeft enorme aandacht getrokken, niet zozeer vanwege de wetenschappelijke resultaten – die op dit moment vergelijkbaar zijn met die van meer gevestigde academische groepen – als wel vanwege het verhaal van de 'fusie' tussen hersenen en kunstmatige intelligentie. Achter de spektakel blijft een essentieel feit: elke interface vereist tot op heden relatief grove signalen, verzameld met invasieve of semi-invasieve apparaten. Geen enkele bestaande technologie kan een gedachte in taalkundige of symbolische vorm lezen; ze kan alleen motorische intenties, trajecten en aandachtspatronen afleiden. Het is alsof je een stad van bovenaf bekijkt: je kunt de verkeersstromen inschatten, maar niet de gesprekken die zich in de huizen afspelen.

Neurale implantaten: tussen sciencefiction en precisiechirurgie.

Een van de symbolische locaties van deze revolutie is de operatiekamer van *het 'Mount Sinai* Hospital' in New York, waar diepe elektroden worden geïmplanteerd om de symptomen van Parkinson te reguleren. Het is een chirurgische ingreep, maar ook een baanbrekende stap: een metalen draad die diep in de hersenen wordt ingebracht en de dynamiek van een verstoord circuit verandert.

De geschiedenis van DBS (*diepe hersenstimulatie*) is rijk aan buitengewone klinische resultaten, maar ook aan raadselachtige gevallen. In 2005 beschreef een studie van de Universiteit van Toronto het geval van een patiënte die, tijdens de stimulatie van *de nucleus accumbens*, zonder aanwijsbare reden in lachen uitbarstte, alsof de elektrode een autonome bron van vreugde had onderschept. Het voorval is een raadsel geworden waarover nog steeds wordt gediscussieerd: was het een mechanisch effect of een kunstmatig opgewekte bewustzijnsflits?

Hoe futuristisch deze implantaten ook mogen zijn, ze blijven gebonden aan een hardnekkige biologische realiteit. De hersenen verdragen vreemde voorwerpen niet gemakkelijk: ze vormen littekenweefsel, isoleren het implantaat en verminderen de prestaties ervan. Het is de aard zelf van de hersenen, die flexibel en plastisch is, die weerstand biedt. Elke poging tot 'technologische kolonisatie' moet rekening houden met deze stille afweer.

De elektrische stilte ontcijferen: successen, beperkingen en biologische barrières.

Het ontcijferen van hersensignalen is misschien wel de meest ambitieuze uitdaging: elektrische oscillaties omzetten in betekenis. In 2021 slaagde een team van de Universiteit van Berkeley onder leiding van Edward Chang erin om een man die al jaren verlamd was, via een spraaksynthesizer eenvoudige zinnen te laten uitspreken, uitsluitend op basis van de activiteit van de taalcortex. Het resultaat werd onthaald als een triomf van de neuro-engineering.

Toch is ook in dit geval het resultaat een benaderende vertaling, een beperkte woordenschat, geduldig opgebouwd tijdens maanden van individuele training. Elk brein spreekt een iets andere taal, en de technologie moet die vanaf nul leren.

De grote barrière is niet alleen technologisch: ze is biologisch. Het neurale signaal is een gefluister, bijna een ruis, ondergedompeld in het geluid van miljoenen andere activiteits n. Het is een code die niet gelezen wil worden, of misschien is het gewoon een code die behoort tot een niveau van het zijn dat niet samenvalt met de materialiteit van de hersenen. Sommige wetenschappers doen deze hypothese af als mystiek; anderen, voorzichtiger, suggereren dat het bewustzijn kan voortkomen uit een combinatie van materiële processen en nog onbekende informatievelden.

Hoe dan ook, de grens blijft duidelijk: we kunnen communiceren met de hersenen, maar niet met de geest. We kunnen circuits stimuleren, maar geen betekenissen oproepen. We kunnen een robotarm bewegen, maar geen gedachte sturen.

Zolang de wetenschap met mechanische instrumenten op de deuren van de geest blijft kloppen, zal ze altijd op een ondoorgrondelijke drempel stuiten: een subtiele, elegante, onbedwingbare grens. Een grens die, voor sommigen, niet tot het brein behoort, maar tot het bewustzijn zelf.

Wie zal onze gedachten beschermen?

Er is een moment tijdens bepaalde neurowetenschappelijke conferenties waarop het publiek verstijft. Dat gebeurt wanneer iemand – vaak een jonge, enthousiaste en onbewuste onderzoeker – een dia toont met de titel *"Brain data is the new gold*". Het is slechts een zin, een retorische gril, maar velen voelen een rilling. Want als data al het nieuwe beloofde land van de digitale economie waren geworden, roept het idee dat de volgende goudkoorts onze neurale activiteiten betreft vragen op die bijna duizelig maken. Zo komen we in het meest gevoelige deel van het hele debat terecht: ethiek, regelgeving, risico's.

Het brein als nieuw politiek terrein.

Het is geen toeval dat Rafael Yuste, neurowetenschapper aan de Columbia University en een van de initiatiefnemers van *het BRAIN Initiative*, neurotechnologie heeft omschreven als *"de volgende kritieke infrastructuur van democratische samenlevingen*". Want controle over energie of data is een geopolitieke kwestie; maar controle over – of zelfs alleen maar toegang tot – de elektrische signalen van de hersenen betekent het overschrijden van de drempel van wat Hannah Arendt *"het leven van de* geest" noemde, de plek waar de mens zichzelf vormt, ver weg van blikken van buitenaf.

In 2017 was Chili het eerste land ter wereld dat een ongekende juridisc e categorie in zijn wetgeving opnam: de *"neurorights"*. *Neurorights* zijn rechten die bedoeld zijn om de geest en de neurale gegevens van mensen te beschermen tegen misbruik van technologieën die hersenactiviteit lezen of beïnvloeden. Cognitieve vrijheid, mentale identiteit, neurale privacy. Het debat vond plaats in een bijna surrealistische sfeer, tussen filosofen en neurowetenschappers die in de Chileense Senaat waren bijeengeroepen alsof er over een nieuw sociaal contract werd gediscussieerd. Maar het idee was eenvoudig: anticiperen op de risico's voordat de technologie ze onvermijdelijk maakt.

Intieme bewaking: de privacy van gedachten.

Praten over privacy op neuronale niveau betekent dat we een van de meest delicate filosofische kwesties van onze tijd moeten aanpakken: in hoeverre kunnen onze gedachten worden gemonitord, zelfs onvrijwillig?

In 2023 ontketende een voorval in een laboratorium van de Universiteit van Osaka een verhit debat. Een decoderingsalgoritme toegepast op fMRI slaagde erin mentale beelden te reconstrueren — geen gearticuleerde gedachten, geen woorden, maar iets dat verrassend dicht in de buurt kwam van de visuele voorstelling die de deelnemers zich hadden voorgesteld. Veel wetenschappers benadrukten dat het om een 'begeleide' operatie ging: de modellen werden getraind op het brein van elk individu, onder zeer gecontroleerde omstandigheden. Toch ging het nieuws de hele wereld rond en riep het scenario's op die rechtstreeks uit een verhaal van Philip K. Dick leken te komen.

In tegenstelling tot digitale surveillance, die gebaseerd is op onze vrijwillige handelingen (klikken, zoekopdrachten, voorkeuren), zou neurale surveillance kunnen onderscheppen wat we niet hebben gekozen om te delen. Onze innerlijke wereld. Juist daarom beginnen sommige juristen te suggereren dat de privacy van het denken niet simpelweg een uitbreiding is van digitale privacy, maar een ontologisch ander recht, bijna heilig van aard.

De neurale wapenwedloop.

Achter elke krachtige technologie schuilt een militaire schaduw. De neurowetenschappen vormen daarop geen uitzondering. In 2021 financierde het Amerikaanse DARPA een programma – *"Next-Generation Nonsurgical* Neurotechnology" – gericht op de ontwikkeling van interfaces op afstand, zonder implantaten, die in staat zijn om neurale activiteit met millimeterprecisie te registreren. Het officiële doel was het verbeteren van de communicatie tussen piloten en autonome systemen, maar velen herinnerden zich de uitspraak van generaal James Mattis: *"Elke technologie kan een wapen zijn, als de context dat vereist.*"

Ook China heeft massaal in de sector geïnvesteerd, met projecten aan *het "Beijing Institute of* Technology" die openlijk spreken over *"cognitieve* optimalisatie" van militairen. Het gaat hier niet om kunstmatige telepathie of gedachtencontrole – geen enkele bekende technologie maakt dat mogelijk –

maar om een ambigu terrein waar verbetering, bewaking en discipline op een moeilijk te onderscheiden manier met elkaar verweven dreigen te raken.

De literatuur had ons gewaarschuwd. In de roman "*The Circle*" van Dave Eggers wordt het idee van totale transparantie gepresenteerd als vooruitgang, totdat het een ethische nachtmerrie wordt. In de neurotechnologieën is de verleiding vergelijkbaar: als de soldaat, de arbeider of de student- 's 'gemonitord' zouden kunnen worden om prestaties en veiligheid te verbeteren, wie zou dan verhinderen dat dezelfde technologie wordt gebruikt om hun emoties te beïnvloeden, ongewenst gedrag te corrigeren en afwijkende meningen te voorkomen?

Het recht om ondoorzichtig te zijn: op weg naar een wereldwijde regelgeving.

Vandaag de dag bestaat er geen internationaal kader dat de complexiteit van neurotechnologieën aankan. De Europese Unie is begonnen met de eerste studies om de bescherming van neurale gegevens in de AVG op te nemen, terwijl de VN in 2024 het voorstel heeft besproken om *'cognitieve* vrijheid' op te nemen in de fundamentele mensenrechten. Maar we zijn nog ver verwijderd van een consensus.

Rafael Yuste, neurowetenschapper aan de Columbia University, hamert vaak op een cruciaal punt: „*Geen enkele technologie die in wisselwerking staat met de hersenen mag worden ingezet zonder rekening te houden met wat de mens tot mens maakt.*“ Het is een uitspraak die opvallend veel overeenkomsten vertoont met bepaalde metafysische inzichten uit het oude Oosten, volgens welke de geest geen machine is, maar een raakpunt met een bredere dimensie van het bewustzijn.

Misschien komt juist uit dit besef het steeds vaker besproken idee voort van het recht om ondoorzichtig te zijn: het recht op een onschendbaar deel van de geest, dat niet toegankelijk is voor blikken van buitenaf. Een soort metafysische privacy die, voorbij de biologische gegevens, de waarde erkent van die individuele vonk die velen beschouwen als onderdeel van een grotere orde, die niet meetbaar en niet controleerbaar is.

We weten nog niet welke vorm de wereldwijde regulering van neurotechnologieën zal aannemen. Wat zeker is, is dat terwijl neurowetenschappen en kunstmatige intelligentie strijden om de mogelijkheid om door te dringen in de meest intieme zone van de mens, een ouder – en veerkrachtiger – principe blijft opduiken: de geest is geen veroverbaar territorium. Niet volledig. Elke poging om in kaart te brengen, te decoderen of te bewaken lijkt te stranden op iets dat ons ontglipt, alsof de hersenen een interface zijn en niet de ultieme bron van onze subjectiviteit. En misschien is juist deze onoverkomelijke ondoorzichtigheid wel de grootste garantie voor onze vrijheid.

IV. AI: belofte en bedreiging.

"Het is helemaal niet vanzelfsprekend dat een kunstmatig systeem een mentale toestand kan nabootsen."

(John Searle)

Wanneer het algoritme het onuitsprekelijke doorgrondt.

Het idee dat een machine gedachten kan lezen heeft altijd een dubbelzinnige aantrekkingskracht uitgeoefend, ergens tussen futuristische belofte en Orwelliaanse nachtmerrie in. Het is een oud, bijna archetypisch thema: van de magie van de Romeinse auguren tot de verbeelding van Jules Verne heeft de mensheid er altijd van gedroomd (en gevreesd) dat iemand de onzichtbare werking van gedachten zou kunnen vatten. Tegenwoordig behoort deze kwestie echter niet langer tot de speculatieve literatuur. Ze staat centraal in de laboratoria voor computationele neurowetenschappen verspreid over Boston, Kyoto en Zürich. Toch is de realiteit, achter de triomfantelijke verklaringen en krantenkoppen, complexer, kwetsbaarder en, in zekere zin, menselijker.

Voorbij het zwarte scherm van de gedachte.

In 2023 haalde de groep van Shinji Nishimoto aan de Universiteit van Osaka de voorpagina's van de kranten. Hun beelden, gereconstrueerd uit hersenactiviteit – wazige gezichten, herkenbare dieren, voorwerpen met onvolmaakte maar suggestieve vormen – leken een open venster op de geest. Velen vroegen zich af of we echt het tijdperk van het 'gedachtenlezen' waren binnengetreden.

In werkelijkheid waren de wetenschappers voorzichtig, bijna verlegen door de media-aandacht. De AI had geen enkele gedachte gelezen. Ze had via diepe neurale netwerken geleerd om de patronen van de functionele magnetische resonantie te correleren met duizenden beelden die de proefpersoon eerder had gezien. Het was een statistische vertaling, geen directe toegang tot de innerlijke ervaring.

Een nuttige metafoor werd aangedragen door Adam Marblestone, een neurowetenschapper van het MIT: *"Het is alsof je een roman probeert te begrijpen door alleen te kijken naar de frequentie van de letters op de* pagina." Het zegt ons wel iets, ja, maar het vertelt ons niet wat ertoe doet: de betekenis.

De meest geavanceerde technieken maken tegenwoordig gebruik van generatieve modellen – dezelfde die op verzoek digitale kunstwerken creëren – om te proberen te reconstrueren wat een persoon waarneemt of zich voorstelt. Het gaat niet langer om het classificeren van eenvoudige prikkels, zoals in het beroemde experiment van Jack Gallant in Berkeley in 2011, waarin rudimentaire video's werden gereconstrueerd.

Dankzij de kracht van de nieuwste generatie multimodale modellen is de esthetische resolutie nu hoger en zijn de beelden consistenter. Maar het mechanisme blijft ongewijzigd: het algoritme "raadt" op basis van aangeleerde correlaties, niet omdat het echt weet wat er in de geest gebeurt.

Een Europese onderzoeker die betrokken was bij *het 'OpenNeuro'-project*, bekende tijdens een informeel interview in Brussel in 2025: *'Telkens wanneer iemand het over digitale telepathie heeft, moet ik aan Borges denken. In 'Ficciones' stelt hij zich encyclopedieën voor die perfecte en onbegrijpelijke werelden beschrijven. Onze modellen doen iets soortgelijks: ze construeren een coherent beeld voor zichzelf, niet voor ons.*"

Het is een grapje, maar het bevat een cruciaal punt: het resultaat is een product van het algoritme, niet van de mentale toestand van het subject.

Correlaties, geen begrip: de grote misvatting.

Het verschil tussen correlatie en authentiek begrip is meer dan een technisch detail: het is een conceptuele kloof. AI kan uiterst nauwkeurige relaties vinden tussen een neuraal signaal en visuele, auditieve of taalkundige inhoud. Maar het weet niet wat die inhoud betekent.

Deze beperking geldt niet alleen voor de huidige technologie, maar voor de aard van het proces zelf. De machine heeft geen toegang tot de subjectieve ervaring. Ze 'ziet' niet wat de persoon ziet, 'voelt' niet wat hij voelt, 'denkt' niet wat hij denkt. En bovenal neemt ze geen deel aan de fenomenale kwaliteit van de ervaring, wat filosofen van de geest *'qualia'* noemen.

Qualia zijn de subjectieve en onherleidbare ervaringen die onze waarnemingen en gewaarwordingen vergezellen. Het is bijvoorbeeld het 'rood' zoals jij dat ervaart wanneer je naar een appel kijkt, de specifieke smaak van koffie of het gevoel van pijn. Ze beschrijven niet wat de wereld objectief is, maar hoe deze verschijnt vanuit het bewustzijn van een individu.

Thomas Nagel vroeg zich in zijn beroemde essay uit 1974 af: *"Hoe voelt het om een vleermuis te zijn*?" Vandaag zouden we dat als volgt kunnen herformuleren: *"Hoe voelt het om een algoritme te zijn dat probeert een brein te lezen?"* Waarschijnlijk niets. Want het algoritme kan niets voelen. Het kan alleen correleren.

En op dit punt beginnen veel onderzoekers twijfel te zaaien: misschien zit het bewustzijn, of wat we als zodanig waarnemen, niet volledig in de werking van de hersenen. Misschien – zo suggereren sommige filosofische en spirituele visies – put de geest uit een breder veld, een niet-gelokaliseerd domein van informatie ( ), dat de neurowetenschap slechts voor een klein deel in kaart brengt. Als dat zo zou zijn, zou elke vorm van gedachtenlezen door machines onvermijdelijk oppervlakkig blijven, zoals het observeren van de schaduw van een object in plaats van het object zelf.

De drempel die kunstmatige intelligentie niet kan overschrijden.

Het mediagenieke succes van deze experimenten komt ook voort uit een antropologisch misverstand: we schrijven AI het vermogen toe om te 'begrijpen' alleen omdat de resultaten ervan lijken op iets dat wij begrijpen. Maar schijn bedriegt.

De filosoof Daniel Dennett sprak over *'goede* ficties' als nuttige instrumenten om complexe systemen te interpreteren. AI is een uiterst efficiënte fictie: het produceert coherente output zonder een authentieke innerlijkheid. Het is een simulator, geen subject.

En het brein zelf — zoals we in de volgende hoofdstukken zullen zien — is misschien niet de plek waar het bewustzijn ‘plaatsvindt’, maar een soort geavanceerde biologische antenne die een veel omvangrijkere informatiestroom afstemt en moduleert. Als de geest verbonden is met een bewustzijnsveld dat niet tot materie kan worden herleid, dan zal geen enkel algoritme dat op neurale signalen is getraind ooit de essentie ervan kunnen vatten.

AI zal steeds nauwkeuriger worden in het herkennen van correlaties, maar zal blijven als een cartograaf die, hoewel hij onberispelijke kaarten tekent, nooit het gebied kan ervaren dat hij beschrijft.

Kortom, machines die “gedachten lezen” bestaan al, maar ze lezen alleen sporen, geen gedachten z ; patronen, geen betekenissen; correlaties, geen bewustzijn. Ze vertellen ons iets over de hersenen, maar bijna niets over de geest. En terwijl de neurowetenschappen en algoritmen vooruitgang boeken in deze fascinerende en verontrustende race, blijft een oudere aanwezigheid – het bewustzijnsveld dat de biologie overstijgt – zich onttrekken aan elke poging om het te vangen.

Misschien ligt juist in deze onoverkomelijkheid onze diepste vrijheid: wat we werkelijk zijn, kan niet worden afgelezen, noch ontcijferd, noch samengevat in een statistisch model. En dit blijft, althans voorlopig, de onoverkomelijke drempel van de kunstmatige intelligentie.

AI, de onvolmaakte kunst van het voorspellen van emoties en keuzes.

Het idee dat een machine niet alleen kan herkennen wat we doen, maar ook wat we werkelijk voelen, behoort tot die categorie moderne dromen die gevaarlijk balanceren tussen fascinatie en onbehagen. Het is alsof de belofte van affectieve AI – de technologie die beweert emoties te kunnen lezen en beslissingen te kunnen voorspellen – een eeuwenoude taak heeft geërfd: doordringen tot in de meest intieme krochten van de menselijke ervaring, daar waar zelfs de neurowetenschappen struikelen.

Maar als we in detail treden, blijkt het beeld complexer en minder lineair dan bombastische krantenkoppen en televisiefictie suggereren.

Machines die 'voelen': het grote misverstand van affectieve AI.

De scène is bij velen in het geheugen gegrift: Davos, 2025, een overvolle zaal tijdens de sessie *"Emotion AI and the Human Future"*. Een onderzoekster van het MIT, Rosalind Picard, pionier op dit gebied, toonde een filmpje waarin een algoritme de gezichtsuitdrukkingen van een vrijwilliger in realtime classificeerde. Woede, angst, verbazing, vreugde: elke emotie verscheen als een klein gekleurd label op het scherm. Het publiek applaudisseerde, sommigen met de naïeve verbazing van iemand die net een goocheltruc heeft gezien.

Picard zei met een glimlach: *"Dit is geen empathie. Het zijn statistieken over blikken."* Een uitspraak die het verdient om onthouden te worden als tegengif tegen gangbare mythes.

De technologieën van affectieve AI, van de gezichtsanalyses van "Affectiva" tot *de "classification* systems" die worden gebruikt in de reclamecampagnes van Madison Avenue, werken in de meest gecontroleerde contexten: optimaal licht, conventionele uitdrukkingen, geconstrueerde datasets. Maar ze lezen geen diepe emoties, noch vatten ze de complexe innerlijke toestanden op die aan de uiterlijke weergave ontsnappen.

Als dat wel zo was, zouden we immers algoritmen hebben die de ingetogen melancholie kunnen ontcijferen van een vrouw die in Biarritz naar de zee staart, of de ingehouden vreugde van een vader die naar zijn slapende dochter kijkt. Maar machines beschikken nog niet – en zullen dat misschien nooit doen – over het vermogen om de culturele, symbolische en narratieve nuance van een menselijk gezicht te interpreteren.

Hoe ziet een emotie eruit vanuit het perspectief van een algoritme?

Om de grenzen van affectieve AI echt te begrijpen, moeten we ons afvragen: wat ziet een machine als ze naar een gezicht kijkt? De Franse filosoof Maurice Merleau-Ponty stelde dat *"de blik nooit alleen biologie is, maar altijd een belichaming van de wereld"*. Voor een algoritme daarentegen is een blik een vector van punten, hoekafstanden, microcontracties van de oogspieren.

In 2024 deed een team van de Universiteit van Tel Aviv een merkwaardig experiment: een AI vragen om ironie te herkennen. Het resultaat was rampzalig. Ironie is een verhulde emotie, een spel van betekenissen, een diep cultureel fenomeen. Het algoritme faalde bijna altijd. "*Machines begrijpen fictie niet*", verklaarde projectleider Eyal Toledano kort en bondig.

Toch mogen enkele successen niet worden onderschat. In de marketingwereld raken voorspellende algoritmen die micro-gezichtsuitdrukkingen koppelen aan koopvoorkeuren snel ingeburgerd. In de gezondheidszorg kunnen draagbare sensoren en AI-modellen signalen van stress of depressie opsporen nog voordat er duidelijke klinische symptomen optreden.

Maar AI ziet wat het kan meten. Het meet correlaties, geen ervaringen. Wat niet gekwantificeerd kan worden, blijft onzichtbaar.

De mythe van de perfecte voorspelling van gedrag.

De overgang van emoties naar gedrag is altijd al de Heilige Graal geweest voor wie de geest probeert te begrijpen – of te manipuleren. In 2017 had de beroemde studie van Michal Kosinski over het voorspellen van persoonlijkheidskenmerken aan de hand van Facebook-likes wereldwijd discussies aangewakkerd en de kwestie van de vrije wil opnieuw aan de orde gesteld. Kosinski vertelde later tijdens een conferentie in Warschau dat het mediagenieke succes van het experiment *"een gigantisch misverstand was"*: het model werkte goed op grote schaal, niet op het individu.

Toch is de ambitie sindsdien gegroeid. Bedrijven als Palantir, Cambridge Analytica (vóór de ondergang ervan) en sommige overheidsinstanties hebben miljoenen geïnvesteerd om kiesgedrag, emotionele reacties en aankoopbeslissingen te voorspellen. De resultaten? Bescheidener dan verwacht.

Voorspellende algoritmen werken in beperkte contexten, wanneer de omstandigheden herhaalbaar zijn en het menselijk gedrag sterk gestructureerd is. Maar wanneer diepe emotionele bewegingen, de complexiteit van culturele identiteiten en de onvoorspelbaarheid van echte keuzes in het spel komen, stort de nauwkeurigheid in.

Socioloog Zygmunt Bauman herinnerde er graag aan dat *"mensen vloeibaar zijn, geen vaste vergelijkingen*". Een zin die bij de ingang van elk laboratorium voor gedrags-AI zou kunnen staan.

Ten slotte is er een aspect dat zelden aan bod komt in technische debatten: de mogelijkheid dat de emotionele ervaring niet volledig in de hersenen zit. Als dat zo zou zijn, dan zou elke AI die getraind is op lichaamssignalen slechts de oppervlakte van de ervaring kunnen vatten, niet de diepe kern ervan. Ze zou de rimpeling kunnen waarnemen, maar niet de zee.

Emotie is in dit perspectief geen gegeven, maar een trilling. En wat trilt, behoort tot een grotere orde dan de biologie, waarin de hersenen meer een ontvanger zijn dan een producent.

Geconfronteerd met dit perspectief bevindt AI zich als een hand die de wind probeert te grijpen: ze kan hem meten, zelfs zijn bewegingen voorspellen, maar ze zal hem nooit kunnen vasthouden.

Affectieve AI-technologieën beloven veel en bereiken iets, maar altijd binnen precieze grenzen. Ze kunnen emotionele patronen herkennen, eenvoudige keuzes anticiperen, gedrag beïnvloeden in ge n gecontroleerde contexten. Maar ze begrijpen emoties niet, delen niet in hun betekenis, hebben geen toegang tot de innerlijke beleving.

En bovenal raken ze niet in het minst die geheime, onoverwinnelijke ruimte aan, waar het bewustzijn — of het veld waarmee het verbonden is — de diepste vrijheid van de mens bewaart. Een algoritme kan een reactie voorspellen, maar geen ziel.

Generatieve AI en controle over de verbeelding.

Geen enkele technologie heeft, misschien sinds de tijd van de boekdrukkunst, zo'n directe invloed gehad op de collectieve verbeelding als generatieve kunstmatige intelligentie. Niet omdat het 'intelligenter' is dan andere technologieën, maar omdat het opereert op een terrein dat we als exclusief van ons beschouwden: het vertellen van verhalen, de symbolische wereld, het creëren van betekenis zelf. Het is alsof we een machine hebben gebouwd die de pen kan hanteren die al duizenden jaren bepaalt wie we zijn.

De eerste keer dat velen de culturele reikwijdte van generatieve AI aanvoelden, was niet tijdens een academisch congres, maar op een sociaal netwerk. Het was 2023 toen beelden van een paus in een wit 'streetwear'-jack, vergelijkbaar met een trendy 'donsjack', viraal begonnen te gaan. Fotorealistisch, onberispelijk, onweerstaanbaar. Iedereen die in die dagen op Twitter zat, herinnert zich het effect: niet de misleiding, maar de fascinatie. De afbeelding was natuurlijk nep, maar had de sfeer van iets dat *'had kunnen zijn'*.

Het was een onthullend moment: AI beperkte zich niet tot het nabootsen van de werkelijkheid, maar verkende de alternatieve mogelijkheden ervan. Het creëerde parallelle werelden met dezelfde natuurlijkheid waarmee Vlaamse schilders ooit stillevens schilderden.

De Engelse schrijver Neil Gaiman, uitgedaagd door een journalist tijdens een festival in Edinburgh, merkte op: *"Fantasie is altijd een manier geweest om de werkelijkheid te onderhandelen. Nu wil iemand in onze plaats onderhandelen.*"

Zijn uitspraak vatte de kern van het probleem samen: wie de verhalen beheerst, beheerst ook gedeeltelijk de perceptie van het mogelijke.

Het onzichtbare laboratorium van verhalen.

De kracht van generatieve AI ligt niet zozeer in de kwaliteit van de geproduceerde inhoud, maar in de kwantiteit en de alomtegenwoordigheid ervan. In een laboratorium van Google in Mountain View toonden enkele onderzoekers in 2025 aan hoe een model in staat was duizenden varianten van hetzelfde nieuwsbericht te genereren, elk afgestemd op een ander publiek, een andere stemming, een andere politieke context.

De Nederlandse socioloog José van Dijck, die deze fenomenen bestudeerde, sprak van *"narrative* engineering", verhaalkunde. Er wordt niet langer één boodschap geconstrueerd: er wordt een ecosysteem van boodschappen geconstrueerd, een magnctisch veld dat de collectieve verbeelding stuurt, net zoals de onmerkbare golven van een planeet de baan van haar satellieten sturen.

Dit is wat sommige analisten *"subtiele manipulatie"* hebben genoemd: een vorm van beïnvloeding die niet opdringt, maar voorbereidt. Het zegt niet wat je moet denken, maar creëert het mentale landschap waarin bepaalde ideeën waarschijnlijker worden en andere bijna ondenkbaar.

En hier wordt de kwestie filosofisch. Want de verbeelding is geen accessoire van de geest: het is de architectuur ervan.

Het zachte wapen: percepties vormgeven zonder dat we het merken.

Tijdens een conferentie in Lissabon vertelde cultuurhistorica Marta Peixoto een veelzeggend verhaal: een groep universiteitsstudenten had een beeldgenerator gebruikt om historische scènes te creëren die 'nooit hebben plaatsgevonden', maar volkomen aannemelijk waren. Ze waren niet van plan iemand te misleiden; ze probeerden alleen alternatieven te visualiseren. Maar het resultaat was dat veel van hun medestudenten, toen ze die beelden buiten hun context zagen, zich gebeurtenissen begonnen te herinneren die nooit hadden plaatsgevonden.

Peixoto merkte op: *"Door AI gegenereerde beelden creëren niet alleen fictie: ze creëren herinneringen."*

En juist hier dreigt de grens van de individuele verbeelding poreus te worden. Zonder het te merken raken we gewend aan een wereld waarin wat geweest is, wat is en wat zou kunnen zijn, door elkaar lopen. De gegenereerde verhalen kunnen de basis worden van onze intuïties, onze politieke emoties, zelfs onze onbewuste angsten.

Het is geen toeval dat de Zuid-Koreaanse filosoof Byung-Chul Han generatieve AI heeft omschreven als *"een industriële producent van verbeelding"*. Maar industriële verbeelding heeft een bijzonder kenmerk: ze neigt naar standaardisatie. Ze reduceert de complexiteit van de wereld om deze manipuleerbaar te maken.

Hier komen de eerste pogingen naar voren, die al te zien waren in bepaalde verkiezingscampagnes van eind jaren twintig, om de publieke opinie niet met argumenten, maar met sferen te beïnvloeden: verhalen, beelden, massaal geproduceerde verhalen, op maat samengesteld om onzichtbare, pre-rationele emoties op te roepen.

Een moderne vorm van collectieve suggestie die in bepaalde opzichten doet denken aan het culturele klimaat van de avant-garde van de twintigste eeuw, toen affiches en beelden de verhouding tussen kunst en propaganda op zijn kop zetten — maar vandaag de dag op een oneindig veel grotere schaal.

En toch, hoe krachtig generatieve AI ook is, stuit haar heerschappij over de verbeelding op een fundamentele grens. Machines werken met wat al is uitgedrukt: teksten, beelden, culturele patronen die kunnen worden gedigitaliseerd. Ze hebben geen toegang tot de innerlijke bron van creativiteit.

Het is een onzichtbare, maar onoverkomelijke barrière. Een algoritme kan het symbool nabootsen, maar nooit de vonk die het heeft voortgebracht. Het kan de handeling reproduceren, maar niet de intentie. Het kan een wereld suggereren, maar niet de innerlijke vrijheid van de verbeelding doven — noch ontsteken.

Zelfs wanneer AI probeert de verbeelding te beïnvloeden, neigt het bewustzijn te reageren, alsof een oudere, niet-geïokaliseerde intelligentie ingrijpt om het evenwicht te herstellen. Het is een subtiel verzet, niet altijd zichtbaar, maar dat telkens weer naar boven komt wanneer een individu, hoewel overspoeld door vooraf bepaalde verhaalstromen, plotseling 'voorbij de sluier kijkt'. Het is dat moment waarop men aanvoelt dat er een verschil is tussen het beeld en de visie.

Kortom, generatieve AI is een ongekende culturele kracht: ze vormt verhalen, beïnvloedt percepties, en verbreedt of beperkt het veld van het mogelijke. Ze kan onze verbeelding sturen zonder dat we het merken, juist omdat ze werkt op de plek waar we het meest ge n kwetsbaar zijn: in ons vermogen om betekenis te geven aan de wereld. Maar haar macht is niet absoluut.

De menselijke verbeelding put uit een dieper niveau van de psyche, een gebied dat geen enkel algoritme in kaart kan brengen. Daar ontstaan authentieke ideeën, de visies die de geschiedenis werkelijk veranderen en vaak redden. Hoe bekwaam machines ook mogen zijn in het construeren van scenario's, er blijft een niet-repliceerbare ruimte waar de verbeelding niet wordt geproduceerd, maar ontdekt.

Het is de plek van waaruit de mens, ondanks alles, aan controle blijft ontsnappen.

V. De geest als strategisch terrein.

"Alles is met alles verweven."
(Plotinus)

De stille race om cognitieve suprematie.

Toen Arthur Koestler halverwege de jaren zestig schreef dat *"de oorlog van de toekomst niet om grondgebied zal worden gevoerd, maar om de menselijke* geest", namen maar weinigen hem echt serieus. Hij was een onrustige intellectueel, gewend om verder te kijken dan de horizon van het heden. Toch klinkt zijn uitspraak een halve eeuw later door in de gangen van de ministeries van Defensie als een waarschuwing en een belofte. De geest is het nieuwe strategische terrein geworden, het onzichtbare slagveld waarop wereldmachten en inlichtingendiensten de strijd met elkaar aangaan.

Je hoeft alleen maar de digitale archieven van DARPA in Arlington te raadplegen om te zien hoe het militaire vocabulaire de afgelopen twintig jaar is veranderd. Naast de traditionele raket- of luchtvaartprogramma's vinden we vanaf 2010 een wildgroei aan initiatieven met dubbelzinnige namen, die het midden houden tussen technocratisch en visionair: *"Next-Generation Nonsurgical* Neurotechnology", *"Silent* Talk", "Brainstorm". Allemaal stukjes van een grote mozaïek met een doel dat niet langer expliciet wordt vermeld, maar wel duidelijk is: menselijke cognitieve processen begrijpen, voorspellen en, indien mogelijk, beïnvloeden.

In 2018 onthulde een per ongeluk uitgelekt intern document dat het Pentagon *"cognitive* superiority" beschouwde als een operationele vereiste die gelijkwaardig was aan lucht- en maritieme superioriteit. Sindsdien is het onderzoek verschillende kanten opgegaan: neurale interfaces om de besluitvormingssnelheid van soldaten te verhogen ; algoritmen die subtiele signalen van stress of besluiteloosheid kunnen detecteren; voorspellende modellen die anticiperen op emotionele reacties in kritieke situaties. Het gaat dus niet langer alleen om psychologische training: het is een poging om gedrag te manipuleren.

Ook andere grootmachten hebben niet stilgezeten. In 2021 sprak de Chinese president Xi Jinping openlijk over *"cognitive domain* operations", een uitdrukking die veel analisten interpreteerden als een verwijzing naar de wens om niet alleen de infosfeer te domineren, maar ook de cognitieve dimensie van de tegenstanders. Rusland had al tijdens de Oekraïense crisis van 2014 geëxperimenteerd met hybride technieken die digitale propaganda, psychologische micro-targeting en geavanceerde gedragsmodellen combineerden.

Schaduwlaboratoria: neurowetenschappen, AI en het nieuwe militair-wetenschappelijke complex.

Achter deze wereldwijde wedloop gaan structuren schuil die in bepaalde opzichten doen denken aan de sfeer van het Manhattan-project: geheime laboratoria, baanbrekende wetenschappers, vrijwel onbeperkte budgetten. Maar in tegenstelling tot het nucleaire programma is het onderzoeksgebied vandaag de dag niet de materie, maar de geest.

In Monterey, Californië, heeft het Amerikaanse leger in de jaren twintig een van de meest geavanceerde centra voor *'Human Performance* Optimization' gefinancierd, waar neurowetenschappers en AI-analisten onderzoeken hoe de cognitieve veerkracht in situaties van informatieoorlogvoering kan worden vergroot. In Israël werkt Eenheid 8200 samen met neurotech-startups om systemen te ontwikkelen die neurale signalen in realtime kunnen interpreteren. In Frankrijk heeft een rapport van het Ministerie van Defensie uit 2025 het concept van 'neurowapens' officieel geïntroduceerd als toekomstige tactische categorie, en deze gedefinieerd als *'elke technologie die de cognitieve functies meetbaar beïnvloedt'*.

De getuigenissen die zijn uitgelekt van onderzoekers die bij dergelijke programma's betrokken zijn, bieden een onthullend beeld. Een Australische neurowetenschapper, die anoniem werd geïnterviewd voor een onderzoek van de omroep ABC, beschreef de sfeer in zijn door een militair consortium gefinancierde laboratorium als volgt: *“Ze vragen ons niet om gedachten te lezen. Ze vragen ons om de geest te voorspellen. En dat is, geloof me, veel angstaanjagender.*”

Maar wat het meest verbaast, is dat veel projecten deugdelijke doelen nastreven: trauma's genezen, motorische functies herstellen, complexe beslissingen ondersteunen. Een humanitair verhaal dat doet denken aan datgene wat werd gebruikt om het vroege onderzoek naar radar of cryptografie te rechtvaardigen. Toch leert de geschiedenis ons dat telkens wanneer een technologie met een nobele bedoeling ontstaat, het militaire apparaat er niet lang mee wacht om de strategische toepassingen ervan te testen.

De illusie van totale controle en de grens die standhoudt.

In de verbeelding van militaire planners lijkt cognitieve controle de natuurlijke evolutie van de strategie. Wie de geest van de vijand beheerst, hoeft zijn leger niet te vernietigen. Wie op zijn beslissingen anticipeert, hoeft de eigen niet op het spel te zetten. Het is een oud idee, dat Sun Tzu al had ingezien, maar dat vandaag technisch dichterbij lijkt. Althans, zo lijkt het.

Want er is een obstakel dat al deze programma's moeilijk kunnen overwinnen. Een grens die bijna nooit in militaire documenten wordt genoemd, maar die elke neurowetenschapper kent: de geest valt niet samen met de hersenen. Er is een deel van de menselijke ervaring dat zich aan berekeningen onttrekt, een bron van innerlijke vrijheid die geen enkel algoritme lijkt te kunnen vatten. En die bron – zoals we in de volgende hoofdstukken zullen zien – is wat veel geleerden, van Henri Bergson tot David Bohm, hebben beschreven als een dieper niveau van de werkelijkheid: een niet-gelokaliseerd bewustzijnsveld, waarvan elk individu een manifestatie is.

Strategen kunnen proberen cognitieve processen in kaart te brengen, ze kunnen emoties en keuzes beïnvloeden, ze kunnen steeds geavanceerdere voorspellende modellen trainen. Maar de diepste laag van het bewustzijn – die autonome vonk die zich aan manipulatie onttrekt – blijkt steeds ongrijpbaarder. Het is het punt waarop elke poging tot totale controle stukloopt, als een golf tegen een onzichtbare barrière.

De militarisering van de neurowetenschappen en kunstmatige intelligentie is een van de minst besproken en meest beslissende fenomenen van onze tijd. Het verandert de geest in een strategische hulpbron, een operationele factor, een object van engineering. Maar juist deze grootschalige belegering brengt een fundamentele waarheid aan het licht: hoe meer men probeert het bewustzijn te beheersen, hoe meer het zijn onbuigzame aard onthult.

De Big Tech-bedrijven en de aandachtsmarkt.

In 2014 grapte een onderzoeker van Google tijdens een conferentie in Mountain View dat *"ons echte product niet de zoekmachine is, maar het toekomstige gedrag van de gebruiker*". De grap, die in de zaal met medeplichtig gelach werd ontvangen, klinkt vandaag de dag als een profetische openbaring. De Big Tech-bedrijven hebben een wereldwijde economie opgebouwd die zich niet beperkt tot het observeren van onze keuzes: ze probeert deze te anticiperen, aan te moedigen en soms af te leiden. Niet uit kwaadaardigheid, haasten de woordvoerders zich te zeggen, maar om *"de gebruikerservaring te verbeteren*". Een formule die zo rekbaar is dat ze bijna alles kan omvatten.

In het laboratorium van het verlangen.

Wie de deuren van de technologiecampussen in Silicon Valley binnenstapt, wordt meteen getroffen door een indruk: hier wordt niet alleen software gemaakt, maar ook wereldbeelden. In de gangen van Meta, Alphabet, TikTok en andere digitale reuzen werken teams van cognitieve psychologen, gedragsexperts, datawetenschappers en AI-ingenieurs zij aan zij om te begrijpen wat een microverlangen, een impulsieve handeling of een langdurig verblijf op het platform teweegbrengt.

In 2018 vertelde Tristan Harris – voormalig *'design* ethicist' bij Google – in een interview dat sommige interne vergaderingen uitsluitend waren gewijd aan het beoordelen hoe de aandacht van gebruikers kon worden 'gemicromoduleerd' door in te spelen op ogenschijnlijk onbeduidende details: de kleur van een knop, de volgorde van meldingen, de snelheid waarmee inhoud verschijnt na het scrollen. "*Het is geen manipulatie, het is optimalisatie*", zeiden de verantwoordelijken. Maar toen al waarschuwde Harris dat, wanneer je op wereldschaal optimaliseert, het effect niet langer neutraal is.

De echte kwaliteitssprong kwam toen kunstmatige intelligentie niet alleen leerde voorkeuren te traceren, maar ook emoties af te leiden. Het project *"Affective* Computing", gestart aan het MIT en vervolgens overgenomen door talrijke bedrijven, heeft een nieuwe grens geopend: *"machine* learning" getraind om micro-gezichtsuitdrukkingen, stemvariaties, reactietijden en aarzelingen te herkennen. Het is het rijk van de zogenaamde affectieve AI, waar elke grimasse of pauze een gegeven wordt.

In 2020 toonde een samenwerking tussen Facebook AI Research en een groep psychologen van de Universiteit van Cambridge aan dat het 'like-patroon' (de reeks 'likes' die op een platform worden achtergelaten) bepaalde persoonlijkheidskenmerken kon voorspellen met een grotere nauwkeurigheid dan een collega of zelfs een familielid.

Tegenwoordig bootsen veel AI-technologieën het menselijke vermogen om emotionele nuances waar te nemen na: spraakassistenten die hun toon aanpassen om empathisch over te komen, advertentiesystemen die de boodschap aanpassen op basis van onze gezichtsuitdrukking terwijl we naar een scherm kijken, aanbevelingsalgoritmen die niet alleen voorstellen wat we leuk vinden, maar ook wat ons reactiever maakt – en dus beter te gelde te maken is.

Wanneer het algoritme te veel weet.

De grens tussen anticipatie en manipulatie vervaagt wanneer het systeem niet alleen met succes voorspelt wat we gaan doen, maar ook wat we waarschijnlijk zullen voelen. In 2025 onthulde een onderzoek van de "Financial Times" dat sommige e-commerceplatforms hadden geëxperimenteerd met modellen die in staat waren om staten van emotionele kwetsbaarheid – verdriet, eenzaamheid, angst – te detecteren om "troostende" aankopen voor te stellen. Geen formele overtreding, maar een ethische grens die werd overschreden.

We worden niet alleen beschermd door de wetten, die nog steeds ontoereikend zijn, maar ook door een structurele beperking van affectieve AI: ze werken goed in gecontroleerde omgevingen, maar veel minder in het echte leven. Ze werken met grote steekproeven, maar niet met het individu in zijn onherleidbare complexiteit. En bovenal – zoals blijkt uit vele ophefmakende mislukkingen, waaronder het geval van de start-up *Affectiva* die in 2024 zijn ambities moest bijstellen – hebben ze de neiging om correlaties te verwarren met intenties.

Daarnaast is er een marge van innerlijke vrijheid die moeilijk te vatten blijft. Hoezeer ze de uiterlijke tekenen van onze emoties ook kunnen analyseren, algoritmen hebben geen toegang tot de diepe bron van het bewustzijn, die kern die zich niet laat voorspellen of temmen. Het is een beperking die niet voortkomt uit een technisch tekort, maar uit een dimensie van vrijheid die inherent is aan de mens.

De aandachtsmarkt is het machtigste economische imperium van onze tijd. Aangedreven door overtuigende algoritmen en voorspellende modellen van emoties, belooft het bedrijven een bijna magische kracht: voorspellen wat we willen voordat we het zelf weten. Maar telkens wanneer deze kracht een nieuwe mijlpaal nadert, komen de grenzen ervan naar voren. De geest is geen doorzichtige container, noch is emotie een lineaire impuls.

En bovenal – ondanks de toenemende nauwkeurigheid van AI – blijft datgene wat ieder van ons uniek maakt, zich bevinden in een subtiel ontoegankelijk gebied, een raakpunt met een bredere dimensie van bewustzijn die zich niet laat vangen. Een bescheiden, maar beslissend verzet tegen de kolonisatie van het verlangen.

Pioniers, visionairs en digitale alchemisten.

In Oakland, in een garage die meer doet denken aan een steampunk-laboratorium dan aan een moderne werkplaats, vertelde biohacker Tim Cannon in 2019 aan een BBC-journalist waarom hij een sensor ter grootte van een stuk zeep onder zijn huid had geïmplanteerd. *"Ik wil niet wachten tot de toekomst komt, ik wil het nu* ervaren", zei hij terwijl hij zijn gezwollen en blauwe arm omhoog hield als gevolg van de geïmproviseerde operatie. Het apparaat, *Northstar* genaamd, was bedoeld om enkele basisfuncties van '*quantified* self'-systemen na te bootsen, door lichaamsparameters te meten en op te lichten op het ritme van de hartslag. Een bijna rituele handeling, die voor Cannon een kleine maar symbolische stap betekende naar een mensheid die in staat is haar biologische grenzen te overstijgen.

Gevallen als deze, die het midden houden tussen amateuristische techniek en filosofische provocatie, zijn de laatste jaren in aantal toegenomen. Het zijn de signalen van een beweging die aan de rand van het traditionele wetenschappelijke systeem opereert: onafhankelijke onderzoekers, biohackers, transhumanisten. Mannen en vrouwen die niet wachten op de goedkeuring van ethische commissies of academische instellingen, maar zich bewegen met het zelfvertrouwen van de alchemisten uit de Renaissance, ervan overtuigd dat het menselijk lichaam een ruw materiaal is, dat kan worden aangepast, verbeterd en gehackt.

In de geheime werkplaatsen van de zelfverbetering.

In de gedeelde ruimtes van Berlijn, Amsterdam en Los Angeles, kleine gemeenschapslaboratoria, de zogenaamde *"community bio* labs", vinden experimenten plaats die vroeger het exclusieve voorrecht van de grote universiteiten zouden zijn geweest. Goedkope microscopen, gerecyclede centrifuges, 3D-printers en geïmproviseerde laboratoriumassistenten creëren de sfeer die zweeft tussen naïviteit en durf, kenmerkend voor grote opkomende culturele bewegingen.

In Brooklyn heeft het historische *Genspace*, opgericht in 2010, studenten, kunstenaars en autodidacten zien komen die geïnteresseerd waren in het verkennen van DNA alsof het creatieve klei was. Een zeer jonge deelnemer vertelde in een interview in 2021 met de "New Yorker": *"Voor mij is het niet anders dan coderen. Alleen programmeer je hier het leven.*" Een provocerende uitspraak die de geest van dit universum goed samenvat: biologie is niet langer een lot, maar een platform waarop ingegrepen kan worden.

De transhumanistische droom en de fascinatie voor de overmens.

Een theoretisch kader voor dit enthousiasme wordt gevormd door de ideeën van het transhumanisme, een filosofische beweging die officieel in de jaren tachtig ontstond dankzij het werk van denkers als Max More en Natasha Vita-More. Het doel, dat zonder angst voor schandaal wordt verkondigd, is het overwinnen van de beperkingen van het menselijk bestaan: veroudering, emotionele kwetsbaarheid, de dood.

In 1998 vatte Max More tijdens een conferentie in Los Angeles de transhumanistische visie als volgt samen: *"De natuur heeft ons het uitgangspunt gegeven. Al het andere is onze taak."* Woorden die duizenden jonge onderzoekers en enthousiastelingen hebben geboeid, aangetrokken door de belofte van een nieuwe definitie van het mens-zijn: ruimer, flexibeler, technologischer.

Het is een beeld dat aansluit bij de meest verfijnde sciencefiction – van Philip K. Dick tot Neal Stephenson – en dat in Silicon Valley een vruchtbare bodem vindt. Het is geen toeval dat sommige pioniers op het gebied van AI en biotechnologie, zoals Ray Kurzweil, cognitieve versterking zien als de koninklijke weg naar die "singulariteit" die geest en machine ononderscheidbaar zou maken.

Wanneer biologie een materiaal wordt om te hacken.

De praktijk van *biohacking* beperkt zich niet tot het implanteren van chips of sensoren. Het omvat experimenten met geavanceerde meditatie in combinatie met neurofeedback, pogingen om mentale toestanden te beïnvloeden via psychedelische microdoses, en zelfs doe-het-zelfprojecten voor genetische bewerking, geïnspireerd door de CRISPR-revolutie.

Deze projecten zijn amateurinitiatieven die zijn ontstaan in biohackersgemeenschappen en gemeenschapslaboratoria (*community labs*) waar enthousiastelingen, studenten of onafhankelijke onderzoekers op een toegankelijke manier concepten uit de biologie en genetische engineering verkennen.

Kortom, CRISPR heeft genetische bewerking veel eenvoudiger en goedkoper gemaakt. Dit heeft de interesse gewekt van mensen buiten de traditionele laboratoria. In deze contexten worden educatieve of demonstratieve experimenten uitgevoerd, gericht op wetenschappelijke popularisering, met ongevaarlijke organismen. Ondanks de belangstelling gelden er strenge regels en beperkingen: geavanceerde genetisc e manipulatie mag om veiligheidsredenen niet thuis worden uitgevoerd. In een zolder in Turijn presenteerde een kleine groep onafhankelijke onderzoekers in 2023 op een festival gewijd aan innovatie een experimenteel protocol om de stemming te beïnvloeden door middel van elektromagnetische stimulatie met zeer lage intensiteit. Het experiment, dat meer symbolisch dan daadwerkelijk effectief was, trok veel aandacht omdat het op concrete wijze het idee uitdrukte dat geest en lichaam terreinen zijn die openstaan voor voortdurende herdefiniëring.

Toch schuilt er onder het vernis van technologische durf een eeuwenoude vraag: is het werkelijk mogelijk de geest te versterken door alleen in te grijpen in de biologische machine? Of bestaat er een onherleidbare kern, een bredere bron van bewustzijn waarmee we verbonden zijn en die zich onttrekt aan elke poging tot manipulatie? Hier stuiten de rebellen van de geest, paradoxaal genoeg, op een grens die vergelijkbaar is met die van de neurowetenschappen en de traditionele AI. Hun streven om de mens van binnenuit te transformeren botst met die diepe dimensie die niet programmeerbaar is, noch in technologische zin te versterken: de vonk van het universele bewustzijn die elk individu met zich meedraagt.

De groep van onafhankelijke onderzoekers, biohackers en transhumanisten vertegenwoordigt de meest gewaagde – en soms meest naïeve – grens van het onderzoek naar cognitieve versterking en het overschrijden van biologische grenzen. Het zijn figuren die schommelen tussen experimentalisme en filosofie, tussen het thuislaboratorium en de metafysische utopie. Ze proberen de geest verder te duwen dan zichzelf, maar stuiten vaak op een grens die niet technisch, maar ontologisch is.

In hun onophoudelijke poging om het menselijk bewustzijn te manipuleren, te optimaliseren en te verruimen, worden ze geconfronteerd met dezelfde waarheid die door dit boek loopt: de geest is geen object om te kneden, maar een brug naar een groter, levend, onherleidbaar Veld. En dat Veld – hoezeer men het ook wil omzeilen of overwinnen – laat zich niet hacken.

VI. Omdat de geest zich niet laat vangen.

"Je kunt nooit twee keer in dezelfde rivier stappen."
(Heraclitus)

Biologische complexiteit en de grenzen van de neurowetenschappen.

In een door melkachtig licht verlichte zaal van het MIT, in januari 2022, observeerde neurowetenschapper Earl Miller op de monitor de elektrische activiteit van enkele tientallen neuronen. De lijnen schommelden als grillige golven, zonder enige schijnbare logica. Glimlachend zei Miller tegen een collega: *"Het brein lijkt meer op het weer dan op een computer*". Een uitspraak die misschien banaal lijkt, maar die een waarheid samenvat die de neurowetenschappen – ondanks hun indrukwekkende vooruitgang – niet langer kunnen negeren: de geest volgt geen eenvoudige patronen en laat zich niet stabiel en definitief in kaart brengen. Het is een complex wezen, onherleidbaar levend.

De chaotische symfonie van neuronen.

Toen in de jaren negentig de grote impuls voor *het "Human Connectome* Project" begon, dachten velen dat het in kaart brengen van alle hersenverbindingen het op de een of andere manier mogelijk zou maken om de geest te ontcijferen, zoals men een taal decodeert. Dertig jaar later hebben onderzoekers steeds geavanceerdere kaarten verzameld, maar deze gaan gepaard met een ontnuchterend besef: zelfs als we elke synaps zouden kunnen onthouden, zou hetzelfde brein er de volgende dag anders uitzien.

De neurofysioloog Walter Freeman beschreef deze eigenschap al in de jaren tachtig met de uitdrukking '*deterministische chaos*'. Bij het bestuderen van de olfactorische patronen in de ' ' bij konijnen merkte hij op dat de neurale activiteit nooit hetzelfde pad volgde, zelfs niet bij dezelfde prikkel. "*Herhaling bestaat niet in de hersenen*", schreef hij in een beroemde lezing uit 1987. Een concept dat elke reductionistische visie blijft verstoren: als het denken altijd nieuw is in zijn eigen ontstaan, hoe zou het dan in een vast protocol kunnen worden vastgelegd?

Het brein in voortdurende metamorfose.

De plasticiteit van de hersenen is waarschijnlijk het meest sprekende kenmerk van onze afstand tot het mechanistische model. In 2000 toonde neurowetenschapper Eleanor Maguire van het *University College* London de wereld de inmiddels beroemde studie over Londense taxichauffeurs, wier cartografisch geheugen van de straten tot uiting kwam in een meetbare fysieke vergroting van de hippocampus. Het was niet alleen een merkwaardige afwijking: het was het bewijs dat ervaring de structuur van de hersenen fysiek verandert.

In de daaropvolgende jaren hebben studies aan de Universiteit van Stanford en het INSERM in Parijs dit principe bevestigd: een taal leren, viool spelen, mediteren, wandelen in de natuur, een verlies lijden, verliefd worden... alles laat een anatomisch spoor na. Het brein is geen orgaan, maar een voortdurende metamorfose.

En juist deze voortdurende metamorfose weerlegt elke pretentie van totale controle. Als de hersenmassa van vorm verandert terwijl we ernaar kijken, hoe zou ze dan definitief kunnen worden vastgelegd, gestabiliseerd of gemanipuleerd?

De paradox van de uniciteit: geen enkel brein is repliceerbaar.

In 2017 voerde een groep onderzoekers van *het Weizmann Institute* in Israël een ogenschijnlijk eenvoudig experiment uit: het analyseren van de verbindingsstructuur van enkele tientallen mensen die dezelfde cognitieve taken uitvoerden. Het resultaat was zelfs voor hen verrassend: elk brein vertoonde een unieke ‘dynamische signatuur’, een soort bewegende vingerafdruk. Deze verschilde niet alleen van persoon tot persoon, maar ook bij dezelfde persoon van dag tot dag.

Dezelfde paradox komt naar voren in studies naar de effecten van gevorderde meditatie, uitgevoerd aan de Universiteit van Wisconsin door het team van Richard Davidson. De hersenactiviteit van ervaren mediteerders convergeert niet naar een gemeenschappelijk model; integendeel, ze vertonen een verrassende individuele variabiliteit, alsof iedereen verbonden is met een eigen, intiem, onherhaalbaar ritme, misschien wel met die bredere dimensie die veel spirituele tradities beschrijven als de lichtende kern van het bewustzijn.

Hier raakt het wetenschappelijke discours aan het metafysische: variabiliteit is geen tekortkoming van het systeem, maar het teken van iets dat de biologische techniek overstijgt. Het brein lijkt meer op een terminal dan op een centrale, meer op een gevoelige interface dan op een deterministische processor. En elke terminal, die verbonden is met een universele bron, trilt op een iets andere manier.

Geen enkel laboratorium, geen enkele beeldvormingstechnologie, geen enkel algoritme zal erin slagen de geest vast te leggen in een anatomische foto. De hersenmassa gedraagt zich als zeer fijn zand dat bij het minste fluistering van de ervaring van vorm en verandert. De schijnbare chaos, de gloeiende plasticiteit, de radicale variabiliteit tussen individuen zijn in werkelijkheid de sporen van een grotere kracht: die vonk van bewustzijn die door ieder van ons stroomt en die geen enkele kaart ooit zal kunnen vatten. De geest ontsnapt aan controle omdat hij, uiteindelijk, gemaakt is om vrij te zijn.

Waar de wetenschap ophoudt en het mysterie begint.

Het is merkwaardig om te zien hoe, na eeuwen van pogingen om de geest te vangen in schema's, formules of algoritmen, het kenmerk dat het meest aan elke greep ontsnapt altijd hetzelfde is: zijn onvoorspelbaarheid. Een soort zijsprong, een onverwachte afwijking, een plotselinge wending in de betekenis die de mens tot iets meer maakt dan een verzameling synapsen of een statistisch patroon. Het is dat element dat we, voor het gemak, *de 'onvoorspelbare* mens' noemen. En dat voor velen de ware onoverkomelijke grens vormt voor wie droomt van totale controle over de geest.

De vonk die ontsnapt: creativiteit als constructieve anomalie

Toen Pablo Picasso in 1907 *'Les Demoiselles* d'Avignon' schilderde, was hij niet alleen bezig met het vernieuwen van een artistieke taal: hij deed iets dat geen enkel voorspellend model uit die tijd, en zelfs vandaag de dag niet, had kunnen voorzien. Hij doorbrak de visuele codes van zijn tijd, niet uit een opwelling, maar omdat hij zag wat nog niet bestond. Creativiteit is in essentie precies dit: latente mogelijkheden naar voren brengen die noch in het verleden, noch in de beschikbare gegevens vervat zijn.

Hoeveel pogingen zijn er in de neurowetenschap gedaan om creativiteit in een specifieke regio van de hersenen te lokaliseren! Toch valt elke kaart, zodra ze is getekend, uit elkaar. Creatieve activiteit verspreidt zich via veranderlijke netwerken, betrekt gebieden die van persoon tot persoon verschillen, en heeft vooral de eigenschap zich te manifesteren als een sprong, niet als een lineair proces. Het is een fenomeen dat meer lijkt op geologische metamorfose dan op de logica van circuits: "een transformatie zonder garanties", zou de dichter Rainer Maria Rilke zeggen.

Het is geen toeval dat de meest serieuze studies over creativiteit gedwongen zijn een probabilistische, bijna bescheiden taal te gebruiken. Want elke echte uitvinding, van de relativiteitstheorie tot een nieuwe symfonie, verschijnt als een breuk. En de breuk is per definitie niet modelleerbaar.

De intuïtie: de flits die aan de gedachte voorafgaat.

In 1896 vertelde Henri Poincaré een verhelderend verhaal. Na dagen van mislukte pogingen om een complex wiskundig probleem op te lossen, stapte hij op een omnibus naar Coutances. Zijn gedachten waren afgeleid, leken ergens anders te zijn. En toen: *"In een flits verscheen de oplossing voor* mij", schreef hij. Het resultaat kwam niet voort uit een sequentieel redeneringsproces, maar als een openbaring.

Sindsdien hebben wetenschappers geprobeerd intuïtie te verklaren als een bijzonder snelle onbewuste verwerking. Maar de waarheid is dat deze "flits" kenmerken vertoont die moeilijk te rijmen zijn met de bekende werking van de hersenen: hij duikt zonder waarschuwing op, brengt radicaal nieuwe inhoud met zich mee, en bezit bovenal een interne samenhang die niet overeenkomt met het simpelweg opnieuw samenvoegen van reeds bestaande elementen. De studies van Giulio Tononi over informatie-integratie hebben aangetoond dat sterk geïntegreerde mentale toestanden niet-lineaire oplossingen kunnen genereren. Tot nu toe heeft echter geen enkel model, , de essentie van het fenomeen vastgelegd: dat moment waarop de intuïtie lijkt te komen van een plek die niet volledig intern is, alsof de geest een ontvanger is die een subtiele frequentie opvangt.

Vrije wil als intrinsieke onvoorspelbaarheid.

In maart 1983 publiceerde neurofysioloog Benjamin Libet een experiment dat beroemd zou worden: het *'readiness* potential', dat leek te anticiperen op de beslissing om een vinger te bewegen voordat de proefpersoon zich daarvan bewust was. Het werd onmiddellijk geprezen als het neurowetenschappelijke bewijs dat vrije wil een illusie was. Toch is de stevigheid van die interpretatie in de loop der jaren aangetast. Andere onderzoekers, zoals Aaron Schurger, hebben de gegevens opnieuw bekeken en aangetoond dat dat signaal geen beslissing vooruitliep, maar gewoon verkeerd geïnterpreteerde neurale ruis was.

Wat vandaag de dag overblijft, is een veel vager beeld. Menselijke beslissingen vertonen namelijk een variabiliteit die de puur neurobiologische dynamiek ver overstijgt. Zelfs wanneer de prikkels identiek zijn, verschillen de reacties: alsof de geest, naast de berekeningen van de hersenen, een onherleidbare component van onbepaaldheid bevat.

Arthur Koestler noemde dit kenmerk *"het vermogen om tussen verschillende en onverwachte betekenisniveaus te springen*". Het is die beweging die een mens ertoe brengt "nee" te zeggen wanneer alles erop wijst dat hij "ja" zou zeggen, een stap opzij te zetten wanneer de logica een stap vooruit zou willen. Een algoritme kan onvoorspelbaar gedrag nabootsen, maar heeft daarvoor kunstmatige willekeur nodig; de geest daarentegen produceert structurele, niet-gesimuleerde spontaniteit.

Deze spontaniteit is het kenmerk van een vrijheid die niet voortkomt uit chaos, maar uit een diepere dimensie die onze keuzes stuurt, zonder ze te bepalen. Het is een ruimte van openheid die geen enkele neurowetenschap, hoe geavanceerd ook, kan dichten. En dat is wat de menselijke geest onherleidbaar maakt tot een controlesysteem. Het onvoorspelbare in de mens is geen romantisch overblijfsel, noch een retorisch middel. Het is het punt waarop de geest zijn meest authentieke aard laat zien: een fenomeen dat zowel de neurowetenschappelijke reductie als de totaliserende ambities van kunstmatige intelligentie uitdaagt. Creativiteit, intuïtie en onvoorspelbaarheid zijn niet alleen moeilijk te modelleren: ze zijn, voorlopig en misschien wel voor altijd, het bewijs dat de geest groter is dan zijn biologische drager. En dat iets, in ons, radicaal vrij blijft.

VII. De geest is niet het brein.

"Het leven van de ziel is anders dan dat van het lichaam."
(Aristoteles)

De mislukkingen van het reductionisme.

Ondanks zijn beloften blijft het neurowetenschappelijk reductionisme de geest achtervolgen zonder deze ooit echt te bereiken. Al meer dan een eeuw is het heersende idee eenvoudig, bijna elegant: alles wat we denken, voelen of zijn, bestaat omdat miljoenen neuronen volgens een biochemische choreografie tot leven komen. De geest als epifenomeen, de hersenen als enige werkelijkheid. Toch zijn er, zoals vaak gebeurt in grote wetenschappelijke verhalen, juist op de plekken waar men ze het minst verwachtte barsten ontstaan: in de marges, in de restanten, in de afwijkingen die – in plaats van te verdwijnen naarmate de technieken vorderen – zich blijven vermenigvuldigen.

Scheuren in het paradigma: het reductionisme onder druk.

Al in 1891 schreef William James, terwijl hij patiënten in de ziekenhuizen van Boston observeerde, dat het reduceren van het bewustzijn tot fysiologie "*hetzelfde* was *als een concert uitleggen door de beweging van de strijkstokken te analyseren*". Het was een eenvoudig, maar krachtig beeld: het instrument kennen staat niet gelijk aan de muziek begrijpen. En dit contrast tussen instrument en melodie is tot op de dag van vandaag onopgelost gebleven.

Kijk maar naar de recente geschiedenis van de neurowetenschappen. In de jaren 2000 probeerde een grootschalig Europees project – *het "Human Brain* Project" – een volledig menselijk brein digitaal te simuleren. Het was een ambitieus : een perfecte replica van de neurale verbindingen zou, althans in theorie, iets moeten genereren dat op de geest leek. Maar de simulatie mislukte, niet vanwege technologische beperkingen, maar om een subtielere reden: het brein is geen stabiel circuit, maar een voortdurend veranderend proces. Elk individu heeft een andere configuratie, en zelfs elke dag verandert elk brein. Er bestaat geen 'standaardmodel' om te repliceren.

Deze mislukking is symbolisch geworden omdat ze een cruciaal punt aantoont: als de geest werkelijk volledig in de hersenen zou zitten, zou ze repliceerbaar zijn. Maar dat is ze niet.

Fenomenen die niet kloppen: van afwijkingen tot het 'onmogelijke'.

Dan zijn er nog die merkwaardige, bijna gênante verschijnselen die stelselmatig aan elke poging tot categorisering ontsnappen. Een van de bekendste is het geval van een Franse kantoormedewerker die in 2007 door het ziekenhuis La Timone in Marseille werd onderzocht. De man, die cognitief volkomen functioneerde, bleek een brein te hebben dat door een chronische vorm van hydrocefalie was gereduceerd tot een dunne laag tegen de schedelbotten. Toch leidde hij een normaal leven, werkte hij, reed hij auto en voerde hij gesprekken zoals ieder ander. Hij was geen wonderkind: hij was een frontale uitdaging voor het idee dat specifieke mentale functies mechanisch overeenkomen met specifieke neurale structuren.

Er zijn ook gevallen die betrekking hebben op het geheugen. De neurowetenschapper Endel Tulving vertelde dat sommige patiënten, ondanks aanzienlijke schade aan de hersengebieden die verband houden met het autobiografisch geheugen, scherpe emotionele herinneringen of diepgaande intuïties over meegemaakte gebeurtenissen behielden. Alsof het geheugen niet alleen een biologische opslagplaats is, maar iets dat zich uitstrekt tot buiten de grenzen van de grijze materie.

En dan zijn er nog de grensgevallen, die het materialistische denken geneigd is met verlegenheid af te doen. *Déjà vu-ervaringen* bij personen zonder enige pathologie, nauwkeurige waarnemingen in veranderde bewustzijnstoestanden, plotselinge intuïties die vooruitlopen op een formele redenering: reële, waarneembare, geregistreerde elementen, maar moeilijk te verklaren als louter “afwijkende ontladingen”.

Deze gevallen bewijzen op zichzelf natuurlijk niets. Maar ze vormen een constellatie die iets vertelt: de geest overstijgt voortdurend de behuizing die haar zou willen beperken.

De onoverkomelijke subjectiviteit: datgene wat geen enkele scan kan vastleggen.

In de jaren '90 verklaarde Francis Crick (de medeontdekker van het DNA) dat het de missie van de neurowetenschappen was om het bewustzijnsprobleem op te lossen. In zijn boek *'The Astonishing Hypothesis'* stelde hij: *'Het is niet nodig om nieuwe mysteries aan te roepen. Bewustzijn is een biologisch fenomeen zoals elk ander.'* Maar paradoxaal genoeg was het juist zijn onderzoek dat aantoonde hoe moeilijk het was om zijn overtuigingen te bevestigen. Hoezeer men ook de hersengebieden kon observeren die actief waren tijdens een emotie, niets in de metingen verklaarde de emotie zelf. Pijn is niet de activering van de insula. Liefde is geen piek in dopamine. Nostalgie is geen rood gekleurd fMRI-signaal.

Thomas Nagel vatte het meesterlijk samen in zijn beroemde essay uit 1974 met een schijnbaar kinderlijke vraag: *"Hoe voelt het om een vleermuis te zijn?"*. Zijn antwoord, dat een tijdperk markeerde, was al even eenvoudig: hoezeer men het brein van de vleermuis ook bestudeert, zijn innerlijke ervaring blijft ontoegankelijk.

Dit is het punt waar het reductionisme niet overheen kan komen: de subjectiviteit. De wetenschap kan neurale correlaties meten, maar niet de beleving. En de afstand tussen correlatie en beleving is een afgrond, geen technisch detail.

In deze kloof past een bredere visie op het bewustzijn, zoals die welke de hersenen niet als de producent beschouwt, maar als de interface. Een soort instrument, kortom, waardoor een bredere dimensie individuele uitdrukking vindt. Als men dit perspectief aanvaardt, is het falen van het reductionisme niet verrassend: het is onvermijdelijk.

De mislukkingen van het reductionisme komen niet voort uit meetfouten of tijdelijke beperkingen van de technologie. Ze zijn het teken van een conceptuele grens. De geest laat zich niet opsluiten in een biologisch diagram omdat hij daar niet mee samenvalt. Zijn grenzen vervagen, reiken verder, openen zich naar iets dat we nog niet volledig durven te definiëren. Maar dat ons op de een of andere manier blijft doen inzien dat het bewustzijn geen algoritme is, noch een afscheiding van het neurale weefsel. Het is een ruimere aanwezigheid, een horizon die het brein raakt maar niet bevat.

Emergence of autonomie? Het bewustzijn op het kruispunt van wetenschap en mysterie.

Van de vele vragen die de hedendaagse wetenschap zich heeft gesteld, zijn er maar weinig die denkers en onderzoekers zo in verlegenheid hebben gebracht als die over de aard van het bewustzijn. Is het een product van de hersenen, ontstaan uit het samenspel van miljarden neuronen, of is het iets autonooms, een fundamentele eigenschap van het universum die de hersenen slechts opvangen? De antwoorden slingeren heen en weer als pendels. Van tijd tot tijd werd het bewustzijn beschouwd als een emergent product, een biologisch theater, een kwantumtrilling of een wijdverspreide eigenschap van de materie. Toch blijft de kwestie, ondanks deze parade van modellen, verrassend open.

De emergentistische hypothese: wanneer complexiteit niet voldoende is.

Het meest geruststellende idee voor veel wetenschappers is het emergentisme: bewustzijn ontstaat wanneer een fysiek systeem een voldoende niveau van complexiteit bereikt. Dit is de visie die, met enkele variaties, wordt aangehangen door filosofen als Daniel Dennett en neurowetenschappers als Antonio Damasio. Maar het emergentistische model heeft een niet onbelangrijk probleem: het zegt niet waarom complexiteit subjectieve ervaring zou moeten voortbrengen.

Het is een 'ontologische sprong' die in zekere zin doet denken aan de bijtende opmerking van Arthur Eddington, de astrofysicus v , die in 1919 de algemene relativiteitstheorie bevestigde door een zonsverduistering op het eiland Príncipe te observeren: *'Als je denkt dat je het bewustzijn begrijpt, dan heb je het bewustzijn niet begrepen*'. Eddington schreef dit in de jaren dertig, en de ironie is dat zijn opmerking actueler lijkt dan ooit.

De zwakke plek van het emergentisme is precies dit: het legt niet uit hoe grijs rood wordt, hoe een elektrische impuls een streling wordt, hoe een verzameling biochemische signalen heimwee wordt. Het kan correlaties beschrijven, maar het kan de kloof tussen de fysica en de beleving niet overbruggen. Voor velen is het alsof je beweert dat een verzameling punten op zichzelf een tekening in een idee verandert.

In de jaren tachtig kwam er een ander voorstel naar voren: *de 'Global Workspace* Theory', bedacht door cognitiewetenschapper Bernard Baars en later verder uitgewerkt door Stanislas Dehaene. Volgens deze visie functioneert de geest als een groot theater: veel informatie blijft achter de schermen, onbewust, terwijl andere informatie door een centrale schijnwerper wordt 'verlicht', waardoor deze bewust wordt.

Het is een elegant, intuïtief, bijna verhalend model. Maar, zoals veel theaters, vertelt het meer over de voorstelling dan over de oorsprong van het werk. Het legt niet uit waarom bepaalde informatie, eenmaal belicht, een bewuste ervaring wordt. Evenmin legt het uit wie of wat de toeschouwer van dit theater is.

In 2019 erkende Dehaene zelf tijdens een lezing aan *de 'École Normale* Supérieure' publiekelijk dat de theorie krachtig is in het voorspellen welke toestanden bewust zullen worden, maar niet waarom. Het bewustzijn blijft een acteur zonder biografie.

Voorbij de gewone fysica: kwantummodellen en nieuwe durf.

Er zijn ook modellen die de kwestie proberen op te lossen met een nog radicalere sprong, door een beroep te doen op de kwantumfysica. De bekendste daarvan is misschien wel het model dat is voorgesteld door de natuurkundige Roger Penrose en de anesthesist Stuart Hameroff, volgens wie het bewustzijn het resultaat zou zijn van kwantumverschijnselen in de microtubuli van de neuronen. Een fascinerende theorie, die in de jaren negentig werd begroet als een sprankje originaliteit. Penrose was overigens geen onbekende in het teweegbrengen van revoluties: hij had al met Stephen Hawking samengewerkt aan gravitationele singulariteiten.

Maar ook hier is de fascinatie niet voldoende om de leemtes op te vullen. Critici hebben erop gewezen dat de hersenen te warm en te chaotisch zijn om stabiele kwantumcoherentie te behouden. Hameroff heeft hierop gereageerd door te stellen dat nieuwe experimentele resultaten kwantumverschijnselen aantonen in biologische omgevingen die veerkrachtiger zijn dan verwacht. Het is een boeiend debat, maar nog grotendeels open, bijna een intellectueel duel tussen natuurkundigen en neurowetenschappers.

En er is nog een andere beperking: zelfs als we aannemen dat er kwantumverschijnselen in de hersenen plaatsvinden, zou dat niet automatisch verklaren waarom deze bewustzijn genereren. Het zou de kwestie hooguit naar een ander niveau verplaatsen.

De terugkeer van de ziel van de wereld: panpsychisme en andere grensgevallen.

De afgelopen jaren is, met een verrassing die rechtstreeks uit een roman van Philip K. Dick lijkt te komen, een oude leer weer in de mode gera : het panpsychisme. Volgens deze visie – die filosofen als Alfred North Whitehead in de twintigste eeuw en, meer recentelijk, David Chalmers heeft gefascineerd – zou bewustzijn een fundamentele eigenschap van de werkelijkheid zijn, net als ruimte of tijd. Het zou niet uit materie voortkomen: het zou de materie zijn die eruit tevoorschijn komt.

In 2014 publiceerde de filosoof Philip Goff een essay, *“Galileo’s* Error”, waarin hij de moderne wetenschap ervan beschuldigde het bewustzijn uit de fysieke wereld te hebben verbannen, waardoor het begrip van het universum werd verminkt. Panpsychisme zou volgens Goff een manier zijn om de subjectiviteit weer centraal te stellen. Geen ketterij, maar een terugkeer naar de oorsprong: de oude stoïcijnen en vele vedische filosofen hadden al aangevoeld dat de geest niet beperkt is tot het lichaam, maar een bredere deelname aan een universeel principe uitdrukt.

Het is een perspectief dat, zij het indirect, aansluit bij het idee van een universeel Bewustzijnsveld: een gedeelde horizon waaraan elk levend wezen deelneemt als een onverdeelde vonk. Maar ook het panpsychisme heeft, net als de andere modellen, een zwakke plek: het legt niet uit hoe vele microbewustzijnsvormen zich kunnen verenigen in één enkele bewuste stroom. Dit is het zogenaamde *"combinatieprobleem"*. Een geest zoals die van de mens lijkt te eenheidskrachtig om voort te komen uit de som van elementaire fragmenten.

Al deze theorieën, hoewel zeer verschillend van elkaar, hebben één ding gemeen: ze zoeken een brug tussen materie en geest, tussen het zichtbare en het ervaren. En ze vertonen allemaal, op verschillende manieren, grenzen die moeilijk te omzeilen zijn. Het is alsof het bewustzijn blijft ontsnappen, en weigert zich te laten vangen of in een eenduidig model te laten persen. Of het nu emergent of autonoom is, het blijft hoe dan ook een aanwezigheid die zich niet laat temmen.

Misschien is de beslissende vraag niet of het bewustzijn voortkomt uit de hersenen, maar of de hersenen voldoende zijn om het te verklaren. En als we kijken naar het landschap van de hedendaagse theorieën, lijkt het antwoord nog steeds uit te blijven. Het bewustzijn is een horizon die verlicht zonder zelf verlicht te worden, een diep meer waarin de wetenschap voortdurend stenen gooit, zonder ooit de bodem te zien.

De subjectieve ervaring als 'zwart gat' van de wetenschap.

Er zijn momenten in de geschiedenis van de wetenschap waarop een ogenschijnlijk eenvoudige vraag verandert in een afgrond. Dat is wat er gebeurt wanneer men de kwestie van de subjectieve ervaring benadert, wat filosofen *'qualia'* noemen: de intieme en onherhaalbare kwaliteit van het leven van binnenuit. Als het bewustzijn een theater is, dan zijn de *qualia* de emotie die onder de schijnwerpers trilt; ze zijn de bitterzoete smaak van een pas geschilde sinaasappel, het specifieke rood van een zonsondergang boven Porto Venere, de brok in de keel bij het beluisteren van een adagio van Mahler in een zaal van de Musikverein.

Maar hoezeer men neuronen en synapsen ook onderzoekt, die innerlijke kwaliteit blijft onzichtbaar. Het is alsof je van buitenaf naar het Dogenpaleis in Venetië gluurt, wetende dat er binnen een bal plaatsvindt, maar zonder de muziek te kunnen horen of de blikken te kunnen zien: je neemt de beweging waar, maar niet wat die betekent. Het is deze onoverbrugbare kloof tussen fysiologie en beleving die sommige wetenschappers ertoe heeft aangezet te spreken van een 'zwart gat' in het hart van de neurowetenschappen.

De paradox van de qualia: de olifant in de kamer van de neurowetenschap.

In 1982 stelde een jonge Australische filosoof, Frank Jackson, een gedachte-experiment voor dat beroemd zou worden. Hij stelde zich Mary voor, een wetenschapper die vanaf haar geboorte opgesloten zat in een zwart- e kamer, hoewel ze een absolute expert was in de neurofysiologie van het zien. Mary weet alles over kleuren: golflengten, neurale circuits, corticale interpretaties. Maar volgens Jackson leert Mary, op het moment dat ze de kamer verlaat en voor het eerst een rode roos ziet, iets nieuws: ze leert hoe rood is.

Geen enkele formule, geen enkele MRI-scan, geen enkel wiskundig model kan zich omzetten in die onmiddellijke ervaring die de radicale eenvoud van het voor de hand liggende heeft. Het is een paradox die zelfs de neurowetenschappers die er het meest van overtuigd zijn dat verklaringen een kwestie van tijd zijn, blijft verontrusten.

En het interessante is dat zelfs wetenschappers die weinig affiniteit hebben met metafysica deze moeilijkheid erkennen. In 2004 schreef Nobelprijswinnaar Francis Crick op de laatste pagina's van zijn boek over bewustzijn dat het begrijpen van de subjectieve ervaring "*de moeilijkste en meest mysterieuze uitdaging van de moderne wetenschap blijft*". Een verrassende bekentenis van een van de grootste materialisten van de twintigste eeuw.

Ervaringen die niet meetbaar zijn: van de geur van sinaasappels tot onmogelijke kleuren.

Er zijn verschijnselen die, hoewel ze volkomen alledaags zijn, elke poging om de ervaring tot een algoritme te herleiden in een crisis storten. Neem bijvoorbeeld de geur van sinaasappels: een mengeling van citrusnoten, jeugdherinneringen, culturele associaties en dat onherleidbare gevoel van sprankeling dat zowel aan de reukreceptoren als aan de chemische moleculen ontsnapt. Je kunt de structuur van een terpeen analyseren, maar je kunt de essentie ervan niet "ruiken" via de formule.

Of laten we eens kijken naar een meer bijzonder fenomeen, beschreven door enkele experimentele schilders en anekdotisch bestudeerd door perceptiepsychologen: de zogenaamde 'onmogelijke kleuren', combinaties die onder bepaalde omstandigheden worden waargenomen, zoals rood-groen of blauw-geel, die volgens de standaardfysiologie niet zouden mogen bestaan. In sommige situaties melden proefpersonen echter dat ze deze kleuren hebben gezien. Er bestaan geen instrumenten om dat fenomeen vast te leggen; het kan alleen worden verteld.

Het is de revanche van de subjectiviteit op de meting: wat het meest reëel is voor wie het beleeft, is vaak het minst vast te leggen. En voor wie de geest wil beheersen – hetzij via toegepaste neurowetenschap, hetzij via algoritmen van kunstmatige intelligentie – is deze onoverkomelijkheid een gênant obstakel.

Er is een beeld, gebruikt door de Amerikaanse psycholoog James Gibson in de jaren zestig, dat dit goed weergeeft: de wetenschap bestudeert water, maar kan de ervaring van ondergedompeld zijn niet beschrijven. Hoezeer men ook hersengolven meet, niets in hun vorm verklaart waarom een gedicht van Rilke een ontroering teweegbrengt die niet louter een activering van de amygdala is, maar iets dat een 'innerlijk punt' raakt dat aan de circuits ontsnapt.

Sinds het begin van de jaren 2000 heeft de neurowetenschap uiterst krachtige instrumenten ontwikkeld: „7-tesla-MRI's", intracorticale elektroden en voorspellende analyses op basis van diepe neurale netwerken. Toch, zoals Christof Koch zelf in 2018 erkende, *weten we* na dertig jaar onderzoek *"nog steeds niet waarom elektrische activiteit tot ervaring wordt*". Het is alsof je de plattegrond van een stad hebt, maar de ingang niet kunt vinden.

Deze ontoegankelijkheid is geen detail: ze heeft diepgaande implicaties. Het betekent dat de innerlijke beleving een domein is dat buiten de grenzen van het waarneembare blijft. En dat elk systeem – biologisch of kunstmatig – dat de menselijke geest wil beheersen, onvermijdelijk botst met een plek waar geen enkele sensor kan binnendringen.

Verontrustende implicaties: want wat we voelen maakt totale controle onmogelijk.

Het feit dat de subjectieve ervaring van buitenaf niet te ontcijferen is, slaat een definitieve barst in het idee van totale controle. Wie systemen voor cognitieve manipulatie ontwerpt – van ingenieurs in gedragspersuasie tot architecten van voorspellende algoritmen – kan gedragingen, correlaties en aandachtspatronen observeren. Maar hij zal nooit toegang krijgen tot wat er werkelijk gebeurt in het innerlijke theater van het individu.

Het gevoel van schaamte bij een blik, de waardigheid die zich verzet tegen een onrechtvaardig bevel, de plotselinge intuïtie die een leven verandert, de onrust die zonder aanwijsbare oorzaak ontstaat: dit alles bestaat op een niveau dat aan de kaart van de hersenen ontsnapt. En misschien is het hier – in de onherleidbare kwaliteit van de beleving – dat de diepe verbinding met een bredere horizon tot uiting komt, een gebied dat niet gemanipuleerd kan worden, maar alleen beluisterd.

Uiteindelijk, zoals Rainer Maria Rilke in een brief uit 1923 schreef, *"is het leven altijd ruimer dan wat we kunnen bevatten*". Misschien is de geest juist zo ruim omdat hij helemaal niet begrensd is: niet in de hersenen, niet in een algoritme, maar in een voortdurende dialoog met iets dat hem overstijgt. En zolang deze innerlijke diepte bestaat, zal geen enkele poging tot overheersing werkelijk de kern van de mens kunnen raken.

VIII. Waar begint het bewustzijn eigenlijk?

"Het moeilijke probleem van het bewustzijn is uit te leggen hoe en waarom we fenomenale ervaringen hebben."

(David J. Chalmers)

Wat we weten en wat we niet weten.

Er is een moment, wanneer men het thema van het bewustzijn aanpakt, waarop zelfs de meest ervaren wetenschappers toegeven dat ze te werk gaan als ontdekkingsreizigers met een gedoofde zaklamp. Dat is verrassend, want het bewustzijn is wat we het beste kennen: het is het toneel waarop gedachten, herinneringen en verlangens zich afspelen, het innerlijke theater waarin iedereen tegelijkertijd toeschouwer en acteur is. Toch is het ook wat we het minst begrijpen.

In 1995 opende Gerald Edelman, neurobioloog en Nobelprijswinnaar, een conferentie in Parijs met de woorden: *"Bewustzijn is wat het verschil maakt tussen een levend organisme en een steen*". Een even eenvoudige als verpletterende uitspraak: de wetenschap heeft geleerd het atoom te splitsen, het menselijk genoom in kaart te brengen, miljarden jaren oude sterrenstelsels te onderzoeken, maar kan nog steeds niet verklaren waarom en hoe een brein, dat uit dezelfde materie bestaat als een rots, een levendige innerlijke wereld voortbrengt.

Een aanwezigheid die zich niet laat vatten.

Het moderne debat over de aard van het bewustzijn begint officieel op 7 maart 1994, wanneer de Australische filosoof David Chalmers in Tucson zijn beroemde onderscheid tussen "gemakkelijke problemen" en "moeilijke problemen" presenteert. Alles wat te maken heeft met functies, verwerkingen, neurale correlaties – aandacht, werkgeheugen, besluitvormingsprocessen – behoort tot de gemakkelijke problemen, die we in theorie kunnen oplossen. Het moeilijke probleem is daarentegen waarom er een subjectieve ervaring bestaat: waarom een lichtflits ons “helder” lijkt of een pijn “pijnlijk” is.

Je zou kunnen zeggen dat de wetenschap uitblinkt in het beschrijven van de mechanica van de lantaarn, maar zwijgt over de aard van het licht. En deze kloof is niet alleen conceptueel: ze is methodologisch. Het bewustzijn is het enige fenomeen waarvan we zeker zijn dat het bestaat, en toch het enige dat de wetenschap niet van buitenaf kan observeren.

In de afgelopen decennia heeft de neurowetenschap formidabele resultaten geboekt. Van de eerste studies van Benjamin Libet in de jaren 80 over de neurale timing van de besluitvorming – experimenten die op hun manier een filosofische aardverschuiving teweegbrachten – tot de meest recente magnetische resonantiebeeldvorming met zeer hoge resolutie: vandaag de dag weet de wetenschap de hersengebieden te identificeren die betrokken zijn bij specifieke bewustzijnstoestanden.

In 2001 presenteerden Giulio Tononi en Christof Koch bijvoorbeeld een eerste schets van wat nu bekend staat als *de ‘ruimte van* bewustzijnstoestanden’, een soort neurale cartografie van het bewustzijn. Toch, zoals Tononi zelf jaren later toegaf, zijn deze kaarten niet het terrein: ze kunnen aangeven waar een emotie ontstaat, maar niet waarom we die als ervaring beleven in plaats van als louter gegevensverwerking.

Het is alsof je van bovenaf naar de menigte op het San Marcoplein kijkt tijdens carnaval: je kunt de collectieve bewegingen beschrijven, maar geen enkel satellietbeeld zal vertellen wat een gemaskerde vrouw voelt wanneer ze onder de klokkentoren plotseling de blik van een onbekende kruist.

De onopgeloste dilemma's: wat aan de microscoop ontsnapt.

Ondanks de vooruitgang tast de wetenschap nog steeds in het duister op een terrein vol paradoxen. Een van de meest verontrustende betreft wat er gebeurt op de grens tussen verdoving en ontwaken. In 2014 documenteerde een team van de Universiteit van Cambridge gevallen waarin het bewustzijn plotseling leek te 'ontwaken', alsof een onzichtbare schakelaar in een fractie van een seconde het hele mentale theater had hersteld. Geen enkel neurofysiologisch model verklaart deze sprong echt.

Andere raadsels komen naar voren bij het analyseren van veranderde bewustzijnstoestanden: proefpersonen in diepe meditatie, die in de jaren 2000 door het team van Richard Davidson in Madison werden bestudeerd, vertonen hersenpatronen die in geen van de klassieke categorieën van de neurowetenschap passen; men probeert een toestand van 'verruimd' bewustzijn te beschrijven, zonder echter een gemeenschappelijke taal te vinden om dat te doen.

Wanneer het bewustzijn verandert, verandert het niet zoals een auto die van de eerste naar de tweede versnelling schakelt. Het verandert zoals de betekenis van een gedicht verandert wanneer het jaren later opnieuw wordt gelezen: een kwalitatieve sprong, geen kwantitatieve verandering.

Het misschien wel meest duizelingwekkende punt van dit hele debat is dat de wetenschap, om verder te kunnen gaan, moet aannemen dat bewustzijn bestaat – omdat alle wetenschappers het ervaren – maar het niet kan definiëren of meten.

De natuurkundige Max Planck verklaarde al in 1931: *"Ik beschouw het bewustzijn als fundamenteel. Materie vloeit voort uit het bewustzijn."* Een uitspraak die veel collega's in die tijd afdeden als mystiek, maar e e die vandaag de dag weerklinkt telkens wanneer de wetenschap op een grens stuit: de onmogelijkheid om van buitenaf te beschrijven wat zich alleen van binnen manifesteert.

Zo is het bewustzijn: een raadsel dat we door en door kennen en dat ons toch ontgaat. Een realiteit die we voelen, maar niet kunnen vatten.

En misschien – zoals de meest gewaagde hedendaagse hypothesen suggereren – is deze ongrijpbaarheid geen tekortkoming van onze kennis, maar een aanwijzing. Een uitnodiging om te overwegen dat het bewustzijn geen product is, geen neveneffect, geen mechanisme om te ontcijferen, maar een bredere aanwezigheid waarmee we verbonden zijn. Een aanwezigheid die ons overstijgt en tegelijkertijd door ons heen gaat.

De afwijkingen die het materialistische model uitdagen.

Elke volwassen wetenschap kent haar blinde vlekken, maar weinig disciplines ervaren die met zoveel ongemak als de neurowetenschappen wanneer het gaat om afwijkingen in het bewustzijn. Het gaat hier immers niet om kleine tegenstrijdigheden, maar om voorvallen die het theoretische bouwwerk vanaf de fundering ondermijnen. Het zijn gedocumenteerde gevallen, die door de wetenschappelijke gemeenschap vaak met terughoudendheid – sommigen zouden zeggen met een zekere ongemakkelijkheid – worden besproken. Toch zijn ze er, en ze vertellen een ander verhaal: een bewustzijn dat soms schittert zelfs wanneer de hersenen zwijgen, dat zich uitbreidt wanneer het zich zou moeten terugtrekken, dat herinneringen bewaart waar die volgens de neuro-materialistische logica niet zouden mogen bestaan.

Helderheid in de stilte van de hersenen.

Een van de meest besproken gevallen dateert uit 2006, op de afdeling neurochirurgie van *het "Southampton General Hospital*". Cardioloog Sam Parnia had tijdens diepe hypothermieprocedures patiënten geobserveerd die lucide ervaringen rapporteerden terwijl het elektro-encefalogram minimale, soms bijna vlakke activiteit aangaf. Het ging hier niet om *de* beroemde 'bijna-doodervaringen' *waarover* al sinds de jaren '70 wordt verteld, maar om een ongemakkelijker fenomeen: de aanwezigheid van bewuste inhoud in een toestand waarin de hersenschors tijdelijk 'offline' had moeten zijn.

Een soortgelijk voorval werd in 2011 geregistreerd aan de Universiteit van Montreal. Na een zeldzame vorm van epileptische aanval beschreef een patiënte gedetailleerd wat er in de operatiekamer gebeurde, terwijl haar EEG-traject een abnormale synchronie vertoonde, onverenigbaar met de vorming van complexe bewuste inhoud. Toen haar werd gevraagd hoe ze alles zo duidelijk had kunnen waarnemen, antwoordde ze eenvoudig: *"Ik was aanwezig, maar ik was niet in mijn lichaam*".

Deze verhalen bewijzen natuurlijk niets definitiefs. Maar ze werpen een vraag op die al jarenlang door de gangen van internationale congressen klinkt: hoe kan er een geordende ervaring ontstaan wanneer de circuits die volgens de theorie onmisbaar zijn, uitgeschakeld lijken te zijn? Het materialistische model heeft nog geen antwoord gevonden dat niet in het onwaarschijnlijke afglijdt.

Veranderde bewustzijnstoestanden: reizen voorbij de drempel.

In de jaren vijftig suggereerde Aldous Huxley in *"De deuren van de* waarneming" dat de hersenen misschien meer een "filter" waren dan een generator van bewustzijn. Het idee leek destijds excentriek, maar hedendaagse studies naar niet-alledaagse toestanden maken het minder vreemd dan het leek.

In 2018 analyseerde een team *van het Imperial College* in Londen onder leiding van Robin Carhart-

Harris het effect van psilocybine op ervaren mediteerders. De verrassing was niet zozeer de levendigheid van de ervaring, als wel de aanzienlijke afname van de activiteit in de standaard hersennetwerken, die het zelfbewustzijn zouden moeten structureren. Hoe meer de hersenen in die gebieden 'uitschakelden', hoe meer de proefpersonen melding maakten van een verruimd bewustzijn, e , soms verweven met een gevoel van eenheid met de omgeving.

Een parallel onderzoek, uitgevoerd in 2020 aan de Universiteit van Kyoto, ontdekte vergelijkbare patronen bij mensen die zich in zeer diepe meditatieve staten bevonden. Het bewustzijn viel niet uiteen: het veranderde van vorm. Sommige beoefenaars beschreven een gevoel van absolute helderheid, alsof de geest de gebruikelijke 'interne' modus had verlaten om zich af te stemmen op iets dat zij als ruimer, stiller en helderder ervoeren.

Voor sceptici gaat het om neurochemische hallucinaties. Voor anderen is het een glimp van een gebied waarin het bewustzijn niet beperkt is tot louter neuronale activiteit. Wat als het brein inderdaad een modulator is, een frequentie-adapter, in plaats van een producent van ervaring?

Herinneringen zonder plaats: het mysterie van de verspreiding.

Tot de moeilijkst te plaatsen anomalieën behoren de schijnbaar ongelooflijke, maar goed gedocumenteerde gevallen van geheugen dat lijkt te blijven bestaan, zelfs wanneer de hersenen niet langer de nodige ondersteuning bieden.

Het meest geciteerde geval, in 1980 gepubliceerd door neuroloog John Lorber van de Universiteit van Sheffield, betreft een jonge wiskundestudent met extreme hydrocefalie: de CT-scan toonde een bijna lege holte, met een corticale dikte van slechts enkele millimeters. Toch had de jongen een bovengemiddeld IQ en leidde hij een volkomen normaal leven. Lorber vroeg zich verbaasd af hoe het mogelijk was dat zo'n klein en ge erd brein dergelijke prestaties kon leveren. De wetenschappelijke gemeenschap trok liever geen overhaaste conclusies, maar het geval blijft tot op de dag van vandaag een doorn in het oog van het materialistische paradigma.

Dan zijn er nog de gevallen, veel minder opvallend maar talrijk genoeg om de aandacht van cognitieve antropologen te trekken, van herinneringen die terugkwamen na ingrijpende operaties, waarbij delen van het hersenweefsel waren verwijderd. In sommige van deze getuigenissen is er geen verband tussen het anatomische verlies en het functionele verlies. Het is alsof het geheugen, in plaats van op een 'plek' te zitten, in een verspreid netwerk zweeft of, volgens de meest gewaagde visies, wordt ondersteund door een veld buiten de hersenen.

Het is gemakkelijk om dit alles af te doen als uitzonderingen. Maar uitzonderingen, wanneer ze zich opstapelen, duiden op een grens, niet op een meetfout. Ze zijn als kleine scheurtjes in een muur: afzonderlijk onbelangrijk, maar samen onthullen ze een structureel verval.

Het klassicke materialisme – het idee dat bewustzijn een bijproduct is van hersenactiviteit – werkte zolang het deze verschijnselen kon negeren.

Vandaag de dag is dat niet meer mogelijk. De gevallen van bewustzijn zonder massale hersenactiviteit, de helderheid in veranderde bewustzijnstoestanden met een vermindering van het neurale zelf, de gevallen van 'plaatsloos' geheugen zetten steeds meer onderzoekers ertoe aan om op zijn minst de mogelijkheid te erkennen dat het brein niet de uiteindelijke bron van bewustzijn is.

Misschien – als een oude antenne ingebed in de biologie – produceert het brein niet, maar ontvangt, moduleert en interpreteert het. En deze afwijkingen, verre van marginale afwijkingen, zouden wel eens aanwijzingen kunnen zijn voor de diepe verbinding tussen de individuele vonk en een groter gebied, dat zich niet beperkt tot het in ons wonen, maar ons doorkruist.

En dan zou wat vandaag onmogelijk lijkt, in werkelijkheid slechts het begin kunnen zijn van een conceptuele revolutie. Een revolutie die niet voortkomt uit zekerheden, maar uit afwijkingen. Waar de toekomst zich altijd al verbergt.

De geheime deur.

Er zijn ideeën die, hoe ongemakkelijk ze ook zijn, blijven opduiken als eilanden na de vloed. Een daarvan is de mogelijkheid dat het bewustzijn geen product van de hersenen is, maar een grotere realiteit, een subtiel veld waarmee de neurale activiteit zich verbindt als een stemvork die op dezelfde frequentie trilt als het orkest. Het is een hypothese die niet pretendeert de wetenschap te vervangen, maar uitnodigt om verder te kijken dan de grenzen van het dominante paradigma, daar waar de materialistische verklaring vervaagt en de vragen groter worden dan de antwoorden.

Een oude intuïtie die weer van zich laat horen.

In Griekenland, vier eeuwen voor Christus, schreef Anaxagoras dat de geest *"het principe* is *dat alle dingen ordent*". Veel later, in het fin-de-siècle Wenen, liet Gustav Fechner – vaak alleen herinnerd als de vader van de psychofysica – een verrassend modern idee doorschemeren: het bewustzijn zou geen afscheiding van de hersenen zijn, maar een intrinsiek kenmerk van het universum. Natuurlijk waren het meer filosofische dan experimentele inzichten, maar toch resoneren ze vandaag de dag met de meest prangende vragen van de hedendaagse neurowetenschappen.

Het is opmerkelijk hoe deze visie telkens weer de kop opsteekt in tijden van culturele omwenteling. In

1932 suggereerde de natuurkundige Erwin Schrödinger tijdens een lezing in Leipzig – met de voor wetenschappers die zich bewust zijn van hun eigen gewicht kenmerkende voorzichtigheid en – dat het individuele bewustzijn een *„veelvoudige verschijning van één enkele* werkelijkheid" zou zijn. Een bewering die in de volgende regels leek te vervagen in mystiek, maar die in werkelijkheid voortkwam uit een radicaal fysische overweging: de onmogelijkheid om waarnemer en waargenomene van elkaar te scheiden.

In al deze pogingen, min of meer gewaagd, komt steeds dezelfde kern naar voren: het idee dat het bewustzijn voorafgaat aan de hersenen, in plaats van daaruit voort te vloeien.

Het brein als zend-ontvanger: een tegendraadse hypothese.

Als men deze mogelijkheid ook maar even aanvaardt, verschijnt het brein in een nieuw licht. Niet langer een generator van ervaring, maar een biologische interface die put, filtert, vertaalt. De natuurkundige David Bohm, die in de jaren tachtig met Krishnamurti sprak in de zonovergoten tuinen van Ojai, sprak over het universum als *een 'impliciete* orde', een diepe structuur waaruit de zichtbare orde tevoorschijn komt als een golf uit het wateroppervlak. In deze analogie zou het bewustzijn deel uitmaken van de impliciete orde, terwijl de hersenactiviteit ons slechts een gelokaliseerde en tijdelijke versie daarvan zou brengen.

Op het gebied van de neurowetenschappen zijn sommige studies – hoewel ze deze hypothese niet definitief bewijzen – begonnen de rotsvaste zekerheid van het productieve model te ondermijnen. Het is misschien geen toeval dat Karl Pribram, een van de grondleggers van de neuropsychologie, in de laatste jaren van zijn carrière over de hersenen sprak als een holografisch systeem, dat in staat is om informatie te decoderen die verspreid is over een breder veld. f heeft weliswaar nooit een metafysische theorie geformuleerd, maar hij liet een deur open: dat de geest misschien niet beperkt is tot de fysieke ruimte van het hoofd. Geen vlucht naar het magische dus, maar een legitieme vraag: wat als we meer ontvangers dan zenders zouden zijn?

Sporen van een universeel veld in de cultuurgeschiedenis.

Het idee van een Bewustzijnsveld behoort niet alleen tot de grensverleggende wetenschap. Het is een thema dat als een karstrivier door de geschiedenis van het denken stroomt. In de Veda's wordt het bewustzijn beschreven als *een "onbeweeglijke* zee" waarin elk levend wezen een kortstondige golf is. In het soefidenken vergelijkt Rumi de mens met een lamp die schijnt dankzij een licht dat niet uit de lamp zelf voortkomt.

Zelfs in de westerse literatuur zijn er echo's van deze intuïtie te vinden: op een weinig geciteerde pagina uit de 'Dagboeken' schrijft Virginia Woolf dat ze zich *'ondergedompeld* voelt *in een bredere stroom van* gedachten', alsof haar geest slechts een tijdelijke knoop is in een groter weefsel. Het was geen systematische filosofie, maar de geleefde waarneming van iets dat verder ging dan het individu.

Vandaag, in een tijdperk waarin neurowetenschappen en kunstmatige intelligentie strijden om het primaat van de interpretatie van de geest, lijken deze tradities plotseling minder exotisch. Niet omdat ze bewijzen leveren, maar omdat ze metaforen bieden die in staat zijn de blik te richten op gebieden die de wetenschap nog maar net begint te ontwaren.

De hier voorgestelde visie pretendeert niet te vervangen wat we weten, maar het aan te vullen. Als het bewustzijn een veld is, en de hersenen de interface ervan, dan zijn veel anomalieën geen paradoxen meer. De lucide ervaring bij afwezigheid van corticale activiteit, het geheugen dat extreme verminderingen van het neurale weefsel overleeft, de toestanden waarin het zelf lijkt op te gaan in een grotere eenheid: dit alles vormt geen bedreiging meer voor de theorie, maar verrijkt deze juist.

In dit scenario wordt elk individu een vonk van hetzelfde universele bewustzijn: verschillend in vorm, niet in essentie. Het is een visie die aanspreekt, niet omdat ze troostend is, maar omdat ze aansluit bij wat aan de gangbare modellen ontsnapt. Een visie die de hersenen niet tenietdoet, maar verheft: van machine tot brug, van producent tot vertolker.

En misschien is dit wel de meest gewaagde stap die we vandaag kunnen zetten: accepteren dat het bewustzijn niet in ons opgesloten zit, maar ons doorkruist, ons voorafgaat, ons overstijgt. Dat het het ware omstreden terrein is in deze strijd om de controle over de geest. En dat het juist daarom aan elke heerschappij ontsnapt.

IX. Het Bewustzijnsveld.

"Het geheel is meer dan de som der delen."
(Aristoteles)

Compatibele wetenschappelijke hypothesen.

Elk wetenschappelijk tijdperk heeft zijn taboes. In onze tijd betreft een van de meest hardnekkige juist het bewustzijn. Niet dat wat herleidbaar is tot synapsen, neurotransmitters, de millivolt die tussen de ene cel en de andere stromen, maar het bewustzijn als autonome, misschien diffuse, wellicht fundamentele realiteit.

Voor sommigen is het conceptuele ketterij; voor anderen een mogelijkheid die voorzichtig moet worden onderzocht. Wat zeker is, is dat verschillende fronten van het hedendaagse onderzoek, zonder zich ten doel te stellen een spirituele of metafysische visie te ondersteunen, verrassende openingen creëren die – zij het met de nodige voorzichtigheid – kunnen worden geïnterpreteerd als verenigbaar met het idee van een universeel Bewustzijnsveld.

Informatie als weefsel van het universum.

Wat 'informatie' werkelijk is, is een thema dat als een ondergrondse rivier door de wetenschap stroomt. In 1948 legde Claude Shannon in een klein kantoortje van de Bell Labs de basis voor de moderne informatietheorie, waarschijnlijk zonder te vermoeden dat decennia later iemand zou proberen zijn intuïtie veel verder uit te breiden dan telefoons en netwerkkabels.

Het was de theoretisch natuurkundige en astrofysicus John Archibald Wheeler, een van de laatste reuzen van de twintigste-eeuwse natuurkunde, die de formule voorstelde die bijna een filosofisch motto is geworden: *'It from bit'*. Het idee, uiteengezet in een artikel uit 1989, is dat elk fysiek ding, elk deeltje en elke gebeurtenis uiteindelijk voortkomt uit een informatie-inhoud. Niet materie als o e entiteit dus, maar informatie als oorspronkelijke structuur.

Dit perspectief spreekt niet direct over bewustzijn, maar opent de deur naar een vraag die maar weinigen een eeuw geleden durfden te stellen: als het universum uit informatie bestaat, wat houdt deze informatie dan bij elkaar? Is het mogelijk dat er een veld bestaat, niet noodzakelijkerwijs energetisch in de klassieke zin, maar dynamisch en ordenend, waarin informatie stroomt, zich organiseert en verbindt?

Sommige hedendaagse wetenschappers, zoals Paul Davies, hebben gesuggereerd dat het leven zelf – en daarmee de geest – misschien niets anders is dan informatie die heeft geleerd zich te vermenigvuldigen, te structureren en zichzelf te herkennen. Vanuit dit perspectief zou een Bewustzijnsveld kunnen worden beschouwd als een verfijnde variant van een informatie-universum: geen mystieke entiteit, maar een subtiele dimensie van de manier waarop informatie zich organiseert.

De kwantumfysica en het probleem van de waarnemer.

Je zou een hele bibliotheek kunnen vullen met interpretaties van de kwantummechanica. Maar er is één knelpunt dat al bijna een eeuw lang zowel fascinatie als verwarring teweegbrengt: de rol van de waarnemer.

In de zomer van 1927, tijdens het beroemde vijfde Solvay-congres in Brussel, voerden Niels Bohr en Werner Heisenberg een levendige discussie over het feit dat waarneming geen neutrale handeling is, maar een onvermijdelijke verstoring. Sindsdien hebben steeds verfijndere experimenten – van *de 'quantum* eraser'-paradox tot de non-lokaliteitstests van de jaren 90 – aangetoond dat de werkelijkheid op microscopisch niveau onvolledig lijkt totdat ze wordt waargenomen.

De paradox van de "kwantumgum" is een experiment uit de kwantummechanica dat iets verrassends laat zien: alleen al de mogelijkheid om te weten "welke weg" een deeltje heeft afgelegd, verandert het waargenomen gedrag. En als deze informatie wordt gewist, verandert het gedrag weer, alsof het deeltje "terugkeert". Met andere woorden:

• Als we weten welke weg een deeltje heeft genomen, gedraagt het zich als een deeltje.

• Als we dat niet weten, gedraagt het zich als een golf.

• Als de informatie wordt gewist nadat het deeltje de dubbele spleet al is gepasseerd, is het alsof het 'weten of niet weten' terug in de tijd werkt.

Het is overdreven om te zeggen dat dit een kosmisch bewustzijn aantoont. Toch blijft er een vraag hangen als een muzieknoot die nog geen oplossing heeft gevonden: waarom lijkt het observatieproces de mogelijkheid in werkelijkheid te 'laten instorten'?

Sommige natuurkundigen, zoals Henry Stapp, hebben verondersteld dat bewustzijn een actieve rol speelt in het fenomeen. Niet een individueel bewustzijn, maar een of andere vorm van verspreide bewuste aanwezigheid, een niet-lokale dimensie van ervaring.

Non-lokaliteit is overigens een van de meest hardnekkige kenmerken van de kwantumfysica: deeltjes lijken te communiceren op manieren die ruimte en tijd tarten. David Bohm stelde in de jaren 80 voor dat deze vreemde eigenschap het teken is van een 'impliciete orde', een verborgen matrix waarin alles al met elkaar verbonden is. Als dat zo zou zijn, zou het idee van een Bewustzijnsveld niets anders zijn dan een interpretatieve uitbreiding: bewustzijn als een opkomende eigenschap van een kwantumnetwerk dat al diepgaand verenigd is.

Complexe systemen: wanneer het geheel meer is dan de som der delen.

Als er één kennisgebied is dat de afgelopen vijftig jaar de manier waarop we over de organisatie van het leven denken radicaal heeft veranderd, dan is het wel de theorie van complexe systemen. Van de meteorologie van Edward Lorenz tot het onderzoek naar zelforganisatie dat in de jaren tachtig in Santa Fe werd uitgevoerd, is het dominante idee dat het universum spontaan geordende structuren voortbrengt, zonder dat daar een externe ontwerper voor nodig is.

Maar dit sluit het bestaan van coördinatievelden niet uit. Integendeel, in sommige gevallen vereist het dit juist. De bioloog Rupert Sheldrake heeft de hypothese van morfogenetische velden voorgesteld, volgens welke organismen putten uit vormen van collectief geheugen die niet in de genen zijn gecodeerd. Het idee wordt vaak bekritiseerd, maar blijft toch aanleiding geven tot experimenten aan verschillende Europese universiteiten. Het gaat er hier niet om het als waarheid te aanvaarden, maar om de heuristische waarde ervan te erkennen: er bestaan wetenschappelijke modellen die trachten niet-materiële velden te beschrijven die vorm en gedrag beïnvloeden.

Zelfs in de neurowetenschap suggereert de theorie van de *"brain* criticality", die sinds de jaren 2000 is ontwikkeld, dat het brein zich in een toestand van gecontroleerde instabiliteit bevindt, een drempel waarop kleine variaties globale effecten kunnen genereren. Dit soort dynamiek is typerend voor systemen die reageren op velden van grotere orde dan de simpele som van hun componenten suggereert.

Bewustzijn als fundamentele eigenschap: de hypothese die maar niet wil verdwijnen.

Ten slotte de meest radicale hypothese, en misschien wel de meest elegante in haar eenvoud: bewustzijn als fundamentele eigenschap van het universum. Niet materie die, bij een bepaalde mate van complexiteit, 'bewust wordt', maar bewustzijn als een intrinsiek kenmerk van de werkelijkheid, niet verrassender dan zwaartekracht of elektrische lading.

De afgelopen jaren hebben filosofen als Galen Strawson en natuurkundigen als Gregory Chaitin deze discussie opnieuw aangewakkerd. Strawson stelt dat het ontkennen van elke vorm van ervaring, zelfs een oerervaring, bij materie meer geloof vereist dan het toekennen van een soort proto-bewustzijn. Gregory Chaitin ziet op zijn beurt in de wiskunde zelf een element van onherleidbare creativiteit dat doet denken aan de transformerende kwaliteit van bewustzijn.

Het gaat hier niet om naïef panpsychisme, maar om de poging om een minder mechanistisch en meer unitair universum te bedenken. In een dergelijk scenario zou een Bewustzijnsveld geen exotische toevoeging zijn, maar een natuurlijke uitdrukking van een universum dat nooit echt 'dood' is geweest.

In al deze perspectieven – van informatie als oorspronkelijk weefsel, tot kwantumnon-lokaliteit, tot complexe systemen, tot bewustzijn als fundamentele eigenschap – vinden we geen definitief bewijs, maar sporen. Aanwijzingen, suggesties, vluchtlijnen die het mogelijk maken te denken wat tot gisteren onmogelijk leek: dat bewustzijn geen laat bijproduct van de evolutie is, maar een oorspronkelijke dimensie van het zijn.

En misschien is dat juist de taak van de wetenschap in deze historische fase: de deur niet sluiten, maar leren luisteren naar wat de wereld ons al zo lang lijkt toe te fluisteren. Een werkelijk vrije geest ontstaat niet uit controle, maar uit openheid voor het mysterie dat erin huist.

Het luisterende brein.

Er zijn ideeën die cyclisch terugkeren, zoals die melodieën die je, als je ze eenmaal hebt gehoord, niet meer uit je hoofd kunt krijgen. Het idee van de hersenen als antenne is er een van. Telkens wanneer dit in een academische context wordt uitgesproken, is er een lichte verstijving in de zaal waarneembaar – een spanning die doet denken aan de sprankelende sfeer van de bijeenkomsten van de Royal Society in de 17e eeuw, toen innovaties met een mengeling van enthousiasme en wantrouwen werden ontvangen. Toch blijft dit idee terugkomen omdat het inspeelt op een eeuwenoude intuïtie: het gevoel dat onze innerlijke ervaring niet ophoudt bij de grijze materie in onze schedel.

Voorbij de neurale werkplaats: wanneer de hersenen te klein lijken om de geest te verklaren.

Iedereen die het hersenweefsel van dichtbij heeft bekeken, weet hoe indrukwekkend de complexiteit ervan is. Maar tegelijkertijd, als je er zonder eerbied naar kijkt, besef je dat er iets diep raadselachtigs schuilt in de bewering dat dat kleine, gelatineachtige orgaan uit het niets de hele rijkdom van de menselijke ervaring voortbrengt.

In 1934 raakte de psycholoog en Nobelprijswinnaar Wilder Penfield, na jaren van hersenchirurgie bij wakkere patiënten, ervan overtuigd dat herinneringen elektrisch konden worden gestimuleerd, maar niet dat het bewustzijn een product van materie was. Hij schreef in een weinig geciteerde notitie : *"Het is alsof de geest aanwezig is, maar niet ingesloten."*

De kwestie is niet alleen filosofisch. Sommige klinische verschijnselen blijven degenen die een perfecte overeenkomst tussen hersenen en geest beweren, in verwarring brengen. Denk aan die gevallen, vooral geregistreerd in Britse ziekenhuizen in de jaren '70, van personen met extreme hydrocefalie — waarbij de hersenen waren gereduceerd tot een dunne perifere laag — en die niettemin een intellectueel normaal leven leidden, in één geval met een bovengemiddeld IQ. Misschien afwijkingen, zeker. Maar afwijkingen die als ongewenste gasten aan de deuren van het heersende paradigma kloppen.

Hier krijgt de hypothese van de hersenen als antenne een suggestieve kracht: niet een producent, maar een modulator; niet het podium, maar het apparaat dat afstemt, filtert, vertaalt.

De onzichtbare noten: resonanties, velden en signalen in het menselijk lichaam.

Het menselijk lichaam wordt doorkruist door een complexe elektromagnetische architectuur. Het hart genereert, zoals bekend is uit de studies *van het 'HeartMath* Institute' en uit cardiologisch onderzoek uit de jaren '90, een elektrisch veld dat op meer dan een halve meter afstand kan worden gemeten. Hetzelfde gebeurt in de hersenen: hersengolven, die al sinds de baanbrekende experimenten van Hans Berger in 1924 door het elektro-encefalogram worden geregistreerd, zijn geen eenvoudige fysiologische bijproducten. Het zijn oscillaties, resonanties die zich in de ruimte voortplanten.

De afgelopen jaren heeft onderzoek naar 'gamma-oscillaties' en 'in fase zijnde neuronen' aangetoond dat mentale activiteit geen verzameling van geïsoleerde micro-gebeurtenissen is, maar een verfijnd spel van synchronisaties. Het is bijna muziek. En zoals alle muziek leeft het van relaties, harmonischen en interferenties.

Sommige theoretische natuurkundigen, zoals Marjorie Wilde en Kenzo Tanaka, hebben modellen voorgesteld waarin grootschalige elektromagnetische structuren zouden kunnen fungeren als rasters die de hersenactiviteit moduleren. Geen van deze studies pretendeert het bestaan van een Bewustzijnsveld aan te tonen, maar ze openen allemaal de deur naar een essentiële hypothese: dat de hersenen gevoelig zouden kunnen zijn voor dynamieken die verder gaan dan louter biochemie.

Het is de moeite waard om de – authentieke – anekdote te vermelden over de kleine galenaradio die de jonge Guglielmo Marconi bouwde in het laboratorium in de Via Celoria in Bologna, toen hij zich nog niet kon voorstellen dat hij de wereld zou veranderen. Ook die radio 'creëerde' de berichten die hij ontving niet. Hij onderschepte ze. Hij moduleerde ze. Hij versterkte ze. Zijn waarde lag niet in het signaal, maar in het vermogen om het te decoderen. Misschien is het brein niet zo anders.

De ongemakkelijke intuïties: wetenschappers die het aandurfden om elders te kijken.

Af en toe duiken er in de geschiedenis van de wetenschap figuren op die niet bang zijn om met gevaarlijke ideeën te spelen. Een van hen was de neuroloog John Eccles, Nobelprijswinnaar in 1963, die in de jaren 80 openlijk beweerde dat de geest geen materie was die tot materie kon worden herleid en dat deze 'via' de hersenen werkte. Niet als een bovennatuurlijke energie, maar als een informatieprincipe dat de neuronale activiteit kan beïnvloeden.

De wiskundige Roger Penrose nam een soortgelijk standpunt in. Hij stelde in de jaren '90 – samen met anesthesist Stuart Hameroff – voor dat bewustzijn verband hield met kwantumverschijnselen in de microtubuli van cellen. De theorie is controversieel, maar heeft één verdienste: ze doorbreekt de gewoonte om de geest te identificeren met de neurale machine. Penrose zei in een interview uit 2014 een zin die tot de meest geciteerde blijft door voorstanders van de niet materialistische hypothese: *"Bewustzijn is geen algoritme. En wat niet algoritmisch is, kan niet in een machine worden samengeperst"*.

Deze ideeën, hoewel in de minderheid, hebben een cruciale waarde: ze geven aan dat een deel van de wetenschappelijke wereld niet uitsluit dat de geest een eigen, autonome dimensie kan hebben, en dat het brein uiteindelijk slechts het voertuig is.

Het brein voorstellen als een antenne betekent een radicale verandering van perspectief accepteren. Niet langer een gesloten laboratorium, afgeschermd door botten en membranen, maar een open venster op een bredere dimensie van ervaring. Een orgaan dat geen bewustzijn genereert, maar het ontvangt en vertaalt, zoals een piano die geen muziek creëert, maar deze vorm, klankkleur en diepte geeft.

In een tijdperk waarin neurowetenschappen en kunstmatige intelligentie met elkaar wedijveren om aan te tonen dat ze het menselijk denken kunnen ontcijferen – en misschien zelfs manipuleren – vormt deze visie een waardevolle tegenhanger en een bron v . Het herinnert ons eraan dat wat we zijn misschien helemaal niet vervat zit in de materie waaruit we bestaan, en dat totale controle over de geest een illusie zou kunnen blijven, niet vanwege technische beperkingen, maar omdat de geest deel uitmaakt van een groter geheel, dat zich van nature onttrekt aan elke poging om het te vangen.

Individuele bewustzijnsvormen als 'vonken' van de eenheid.

Er zijn beelden die, meer dan andere, in staat zijn om datgene op te roepen wat aan onze striktste definities ontsnapt. Een daarvan is dat van de vonk: een minuscuul lichtpuntje dat, ondanks zijn kleinheid, de aard van het vuur waaruit het voortkomt in zich draagt. Het individuele bewustzijn voorstellen als een vonk van het universele Bewustzijnsveld betekent dat we ons in een breder kader plaatsen, waarin het ik geen eiland is, maar een tijdelijke manifestatie van iets dat het overstijgt. Verre van het gewicht van de individualiteit te verminderen, geeft dit perspectief er een diepere dimensie aan, alsof de mens tegelijkertijd golf en deeltje is, individu en totaliteit.

Het fragment dat het geheel weerspiegelt.

Dit idee is in werkelijkheid niet nieuw. De intuïtie dat het deel het universele kan bevatten, klinkt door in de Indiase *Upanishads*, in *de "Tao Te* Ching" en in de speculaties van de neoplatonisten. Maar het vindt ook een merkwaardige parallel in onverwachte hoeken van de westerse cultuur. In 1957 ontwikkelde de natuurkundige David Bohm, destijds medewerker van Einstein, het concept van *de 'impliciete* orde', waarbij hij stelde dat de waarneembare werkelijkheid niets anders is dan een oppervlakkige projectie van een veel grotere en onderling verbonden structuur. Elk punt in het universum, zo zei Bohm, bevat informatie over het geheel, zoals de optische hologrammen en d 's die in de jaren zestig in de laboratoria van Stanford werden geproduceerd, waarin elk fragment van de plaat het beeld van het geheel bevat.

Het is een suggestie die uitnodigt tot een herziening van het idee van individualiteit zelf. We zijn geen geïsoleerde entiteiten, maar knooppunten van een breder veld. De Perzische dichter Rumi had dit eeuwen eerder met verrassende moderniteit verwoord: *"Je bent geen druppel in de oceaan. Je bent de hele oceaan in een druppel*". Een zin die, vandaag gelezen in het licht van de holografische modellen van de geest en de informatie-theorieën, bijna een vooruitlopende metafoor lijkt.

Het individu is dus geen onbeduidend fragment, maar een uniek perspectief van waaruit het universum zichzelf observeert en herkent. Alsof elk bewustzijn een tijdvenster op het eeuwige is.

Vrijheid en creativiteit: dansen op de rand van het oneindige.

Als we accepteren dat ons bewustzijn een vonk is van een groter veld, dan kan vrijheid niet worden gereduceerd tot louter eigen wil. Het wordt iets veel complexers en, in zekere zin, fascinerenders. Vrijheid is het vermogen om te kiezen hoe we de signalen uit het Veld interpreteren en moduleren, hoe we met onze eigenheid bijdragen aan de dans van het universele.

Creativiteit is in dit perspectief geen eenzame daad, maar een voortdurende dialoog met een onzichtbare bron van mogelijkheden. Het is moeilijk om in dit verband niet te denken aan de beroemde anekdote over Nikola Tesla, die in 1899 in de buurt van Pike's Peak in Colorado wandelde. Daar, tussen natuurlijke elektromagnetische velden en indrukwekkende onweersbuien, beweerde "complete ideeën" waar te nemen die tot hem kwamen "als lichtflitsen". Het doet er niet toe hoe geromantiseerd de beschrijving is; wat telt is de ervaring: de indruk dat creativiteit niet wordt gegenereerd, maar ontvangen.

Veel grote kunstenaars hebben hetzelfde gevoel beschreven. Paul Klee schreef in zijn dagboek uit 1914 dat schilderen hem het gevoel gaf *"naar iets te luisteren dat al in de lucht* hing", alsof de wereld vol latente vormen was die erop wachtten om vertaald te worden. Niet ver hiervandaan sprak de natuurkundige Wolfgang Pauli, een medewerker van Jung, over "archetypische ideeën" die in een soort symbolische resonantie door de geest en het universum gaan. In deze zin is creativiteit het levende bewijs dat de vonk de herinnering aan het vuur bewaart. Het is het punt waarop het universele via het individu tot uiting komt.

Denken en verbinding: voorbij de grenzen van het ik.

Als het individuele bewustzijn verbonden is met het Veld, dan is het denken meer dan een elektrochemisch proces dat beperkt blijft tot de hersenen. Het wordt een daad van afstemming, een resonantie tussen ons innerlijk en het bredere weefsel van de werkelijkheid. Dit verklaart waarom in de geschiedenis van de wetenschap identieke ontdekkingen bijna gelijktijdig op verschillende plaatsen zijn verschenen: van de afleiding van de infinitesimale calculus door Newton en Leibniz in de 17e eeuw tot de evolutietheorie die onafhankelijk van elkaar door Darwin en Wallace in 1858 werd geformuleerd. Fenomenen die de socioloog Robert K. Merton omschreef als *"multiple* discovery" en die, vandaag de dag herlezen, kunnen worden geïnterpreteerd als een voorbeeld van collectief bewustzijn dat zich manifesteert via verschillende geesten.

Het gaat hier niet om sciencefictionachtige telepathie, maar om een principe van cognitieve resonantie dat weerklank vindt in de modellen van de filosoof Alfred North Whitehead. Voor hem was elke denkhandeling een 'prehension', een manier waarop de geest elementen van de omringende werkelijkheid grijpt, integreert en transformeert – een werkelijkheid die, vanuit ons perspectief, samenvalt met het Veld.

Zo maakt elk idee, zelfs datgene dat ons het meest intiem en persoonlijk lijkt, deel uit van een breder proces. Elke intuïtie, elke plotselinge helderheid, elke creatieve impuls kan worden gezien als een dialoog met het universele, een vonk die even de diepe band verlicht die ons verbindt met alles wat bestaat.

Het individuele bewustzijn beschouwen als een vonk van eenheid betekent niet dat we onze eigenheid ontkennen: het betekent erkennen dat onze individualiteit de manier is waarop het universele zich op een unieke wijze manifesteert. In een tijdperk waarin de neurowetenschappen en kunstmatige intelligentie, elk op hun eigen manier, proberen de geest te reduceren tot een beheersbaar mechanisme, geeft deze visie het bewustzijn zijn ware grootsheid terug. Het herinnert ons eraan dat wat we zijn niet in een formule kan worden gevat of in een algoritme kan worden gerepliceerd, omdat we deel uitmaken van iets dat zich van nature onttrekt aan elke poging om gevangen te worden genomen. We zijn vonken, ja. Maar vonken die het geheim van het hele vuur bewaren.

X°- De onmogelijke aanval.

"We kunnen niet ontsnappen aan de wetten die ons vormen."
(Max Planck)

Kunnen neurowetenschappen en AI het bewustzijn echt "aanvallen"?

Op het eerste gezicht lijkt het idee bijna vanzelfsprekend: als neurowetenschappen en kunstmatige intelligentie zich in razend tempo ontwikkelen, als ze leren gedachten te ontcijferen, keuzes te voorspellen, emoties en herinneringen te stimuleren, dan kunnen ze op een dag misschien echt het bewustzijn "aanvallen" en het binnendringen zoals dat gebeurt bij software die wordt aangevallen. Het is een fantasie die sterk aanwezig is in onze hedendaagse verbeelding, gevoed door dystopische films en een almachtig technowetenschappelijk verhaal. Toch, zoals zo vaak, brokkelt wat eenvoudig lijkt af bij nader onderzoek.

Want achter het idee om het bewustzijn aan te vallen schuilt een diepgaand misverstand: men gelooft dat het bewustzijn een product is van de hersenen, en dat men door de hersenen te manipuleren dus ook kan manipuleren wat in ons waarneemt, voelt, interpreteert en begrijpt. Maar het bewustzijn, zoals we zullen zien, laat zich niet zo gemakkelijk vatten.

Het oorspronkelijke misverstand.

Het moderne misverstand ontstond grotendeels in de negentiende eeuw, toen de fysiologie met een bijna cartografisch enthousiasme begon met het in kaart brengen van hersengebieden. In 1870 toonden Gustav

Fritsch en Eduard Hitzig voor het eerst aan dat elektrische prikkels op de hersenschors van een hond precieze spierbewegingen veroorzaakten. Het leek er toen op dat het raadsel van de innerlijkheid kon worden teruggebracht tot een circuit van draden en schakelaars.

Dit mechanistische enthousiasme vond een verrassende weerklank in de sciencefiction van die tijd. In 1886 bouwt een uitvinder in *"L'Ève* future", een korte roman van Auguste Villiers de l'Isle-Adam, een kunstmatige vrouw die in staat is bewustzijn en emoties te simuleren. Het was een naïeve droom, maar hij liep vooruit op de beloften – en de illusies – van ons digitale tijdperk.

Tegenwoordig beschikken de neurowetenschappen over oneindig veel geavanceerdere instrumenten: functionele magnetische resonantie, optogenetica, invasieve neurale interfaces ontwikkeld aan *het "Institut du* Cerveau" in Parijs of aan *het "Neural Engineering* Lab" van de Universiteit van Washington. Maar ondanks de toenemende precisie blijft het fundamentele misverstand bestaan: het verwarren van de drager met de bron, het apparaat met het signaal. Het manipuleren van de hersenen betekent niet het manipuleren van het bewustzijn

De meest geavanceerde neurowetenschappelijke ingrepen – van het implanteren van elektroden tot diepe stimulatie – kunnen waarnemingen, emoties en lichamelijke reacties veranderen. Ze kunnen zelfs, zoals een beroemde studie uit 2019 van het *"Baylor College of* Medicine" aantoonde, een plotseling gevoel van *déjà vu* opwekken door de hippocampus te stimuleren.

Toch komt er, als men naar de getuigenissen van patiënten luistert, een verrassend gegeven naar voren: het bewustzijn blijft toeschouwer, geen slachtoffer. Een vrouw die hersenstimulatie onderging voor de behandeling van Parkinson vertelde de onderzoekers dat ze zich voelde alsof ze in een inwendig theater zat, waar *"het lichaam reageerde, maar ik toekeek vanuit een andere kamer"*.

Deze innerlijke afstand is misschien wel het duidelijkste teken dat de persoon niet samenvalt met het orgaan waarmee hij waarneemt. Het is alsof je een violist probeert te sturen door de klankkast van de viool te manipuleren: je kunt de klanken vervormen, maar de muziek, de echte, zal niet van auteur zijn veranderd.

De barsten in de dromen van controle: gevallen, experimenten, mislukkingen.

Ook op het gebied van kunstmatige intelligentie heeft de ambitie om in te grijpen in de menselijke geest de afgelopen jaren een bijna prometheïsche toon aangenomen. Een van de meest geciteerde ervaringen is die van het laboratorium in Kyoto dat er in 2021 in slaagde om ruwe mentale beelden te reconstrueren via diepe neurale netwerken die waren getraind op hersensignalen. De krantenkoppen schreeuwden om *de 'kunstmatige telepathie'*. In werkelijkheid waren de onderzoekers uiterst voorzichtig: het systeem 'las' het bewustzijn niet, maar interpreteerde fysieke, prebewuste, ruwe visuele patronen.

Dit onderscheid is geen technisch detail, maar de kern van de zaak. Kunstmatige intelligentie kan gedrag voorspellen, voorkeuren anticiperen, overtuigende manipulaties genereren – zoals de zaak *Cambridge Analytica* al in 2016 aantoonde – maar kan die innerlijke ruimte waar de subjectieve ervaring ontstaat niet bereiken, omdat die ruimte niet in de algoritmen zit, noch in de hersenen. Het is een drempel die de instrumenten slechts kunnen raken.

De bekende neurowetenschapper Antonio Damasio erkende dit, zij het vanuit een materialistisch perspectief, met een e openhartigheid die hem tot eer strekte: *"We weten niet waar het bewustzijn zich bevindt. We weten alleen waar het zich niet bevindt: in de circuits die we observeren, in de kaarten die we in kaart brengen, in de modellen die we bouwen*". Een zin die bijna spreekwoordelijk is geworden onder de meer voorzichtige onderzoekers.

De structurele ontoegankelijkheid van het Veld.

Als we het bewustzijn beschouwen als onderdeel van een breder Veld, dan zijn de grenzen van de neurowetenschappen en de kunstmatige intelligentie niet louter toevallig, maar structureel. Men kan de biologische dragers beïnvloeden – synapsen, neurotransmitters, elektrische patronen – maar niet datgene wat via die dragers de wereld ervaart.

Het is alsof het bewustzijn elders geworteld is, verbonden met de hersenen maar niet daarmee identificeerbaar. Technologie kan het signaal verstoren, niet de bron. En dit onderscheid, dat centraal staat in veel filosofische tradities, krijgt vandaag de dag een verrassende actualiteit.

In 1973 schreef de Amerikaanse filosoof Thomas Nagel het reeds genoemde beroemde essay: *"What is it like to be a bat?*", waarin hij stelde dat geen enkele objectieve beschrijving ooit *"de ervaring vanuit het perspectief van het* subject" kan vatten. Het bewustzijn, zo stelde hij, is intrinsiek niet-reduceerbaar. Decennia later, en ondanks de enorme technische vooruitgang, heeft deze intuïtie een verrassende veerkracht getoond.

Daarom blijft het idee van "het bewustzijn aanvallen" meer een slecht geconstrueerde metafoor dan een bedreiging. Men kan het brein belegeren, de processen ervan beïnvloeden, gedrag en waarnemingen conditioneren; maar het bewustzijn, als het werkelijk geworteld is in een groter Veld, blijft elders, als een bron die niet bereikt kan worden door de takken van de boom af te zagen.

Kortom, de illusie dat het bewustzijn kan worden geschonden, is wellicht de laatste uiting van een cultuur die nog steeds gelooft dat alles wat bestaat meetbaar, lokaliseerbaar en reproduceerbaar moet zijn. Maar het bewustzijn – en vooral het Veld waaruit het voortkomt – leent zich niet voor kolonisatie. Het blijft het meest weerbarstige aspect van de mens, de ruimte waarin de onherhaalbaarheid van onze ervaring zich concentreert.

Dus terwijl de neurowetenschappen en kunstmatige intelligentie voortschrijden met hun lading van beloften en angsten, blijft het bewustzijn, zoals Emily Dickinson schreef, *"een huis dat men alleen bewoont*". Een huis dat onbereikbaar is voor elke poging tot inbreuk, omdat het gebouwd is op een plek die de technologie niet in kaart kan brengen. In zijn onoverwinnelijkheid onthult het bewustzijn geen zwakte, maar kracht: het is de laatste grens van de menselijke vrijheid.

Complexiteit als barrière.

Elk tijdperk heeft zijn eigen illusie van almacht gehad. Voor de Renaissance was het de wiskunde die de wereld zou verklaren. Voor de negentiende eeuw was het de fysiologie. Voor de twintigste eeuw was het de computer. Onze eeuw lijkt er daarentegen van overtuigd te zijn dat de combinatie van neurowetenschappen en kunstmatige intelligentie eindelijk in staat is om door te dringen tot de kern van de menselijke geest en deze te besturen als een mechanisch systeem met verborgen knoppen.

Maar als we de zaken van dichtbij bekijken, vertoont de geest geen enkele neiging om zich te laten reduceren tot een lineair apparaat. De complexiteit die erin schuilt – biologisch, symbolisch, ervaringsgericht en, volgens een traditie die steeds moeilijker te negeren is, ook informatiegericht – is geen tijdelijke technische hindernis: het is een structurele barrière, verankerd in de aard van het bewustzijn zelf.

Schaalniveaus die zich niet laten reduceren.

In Princeton vertelde een wiskundige tijdens een conferentie over de grenzen van voorspellende modellen een merkwaardige anekdote. *"We houden onszelf voor dat complexiteit een groot getal is dat we vroeg of laat zullen kunnen berekenen. Maar de geest is geen getal: het is een constellatie van schalen die niet samenvallen."* Hij verwees naar het in de wetenschap van complexe systemen welbekende probleem van de onmogelijkheid om verschillende niveaus v e – moleculair, neuraal, cognitief, fenomenologisch – te verenigen in één volledig deterministisch kader.

Met andere woorden, zelfs als we op een dag elk neuron in de hersenen in kaart zouden brengen, elke chemische stroom zouden begrijpen en elke elektrische oscillatie zouden voorspellen, zou het toch onmogelijk blijven om deze informatie te vertalen naar wat er werkelijk toe doet: de innerlijke ervaring, de keuzes, de intenties, de creatieve handelingen die een mens definiëren.

Deze onmogelijkheid tot reductie, die filosofen als Hans Jonas al in de jaren zeventig hadden ingezien, is wat elke poging tot totale controle tot een project maakt dat gedoemd is te mislukken nog voordat het is begonnen.

Om te begrijpen in hoeverre de complexiteit van menselijke systemen zich verzet tegen manipulatie en voorspelling, volstaat het om te kijken naar een van de grote ambities – die later bijgesteld werden – van het onderzoek van de afgelopen decennia: het voorspellen van gedrag op grote schaal. In Europa en de Verenigde Staten hebben verschillende onderzoeksprogramma's, vaak met groot enthousiasme gefinancierd, geprobeerd neurale, genetische en omgevingsgegevens met elkaar in verband te brengen om menselijke beslissingen te begrijpen en te anticiperen, ook op gebieden als werk en organisatie. Hoewel deze inspanningen belangrijke inzichten hebben opgeleverd, stuitte de belofte van betrouwbare voorspellende modellen op epistemologische, ethische en praktische beperkingen, waardoor het een symbolisch voorbeeld werd van de moeilijkheden om menselijke complexiteit te vertalen naar beheersbare schema's.

Het leven, het levende, onttrekt zich. Niet uit grilligheid, maar uit aard. Elk complex systeem dat voldoende dynamisch is, genereert emergent gedrag dat niet kan worden geanticipeerd op basis van de afzonderlijke onderdelen ervan . Laat staan een systeem als de geest, dat aan de biologische complexiteit een culturele en biografische gelaagdheid toevoegt en — zoals veel hedendaagse wetenschappers suggereren — een voortdurende dialoog met een informatiegebied dat breder is dan de hersenen zelf.

Complexiteit als bondgenoot van het Bewustzijnsveld.

De afgelopen jaren zijn veel informatiefysici de geest niet langer alleen als een product van de biologie gaan beschouwen, maar als een interface tussen verschillende niveaus van de werkelijkheid. Het is opmerkelijk hoe dit ogenschijnlijk vernieuwende perspectief in de achtergrond bepaalde intuïties oproept van de Italiaanse natuurkundige Giuliano Toraldo di Francia, die in 1986 schreef: *"Complexiteit is geen achtergrondruis. Het is de handtekening van het onzichtbare."*

Vandaag de dag lijkt die handtekening duidelijker dan ooit. Als er werkelijk een Bewustzijnsveld bestaat – een ordenend niveau waarmee ieder van ons als individuele vonk verbonden is – dan is complexiteit geen louter chaotisch kluwen, maar een natuurlijk verdedigingsmechanisme. Een manier om te voorkomen dat het bewustzijn zich laat vangen door externe controle, of die nu technologisch of neurowetenschappelijk is.

Vanuit dit perspectief fungeert complexiteit als een soort “heilig geluid”: een marge van structurele onvoorspelbaarheid die de innerlijke vrijheid beschermt. Hoewel het Veld universeel is, manifesteert het zich in ieder van ons via een persoonlijk weefsel van geschiedenis, karakter, intuïties en plotselinge openingen. Geen enkel algoritme kan het moment voorspellen waarop een individu, ondergedompeld in zijn routine, een transformerende intuïtie zal hebben; geen enkele manipulatie zal het precieze punt kunnen vastleggen waarop een bewustzijn besluit van richting te veranderen.

Daarom blijft, ondanks de duizelingwekkende vooruitgang in de neurowetenschappen en AI, het idee van totale controle een utopie. Het brein kan worden beschreven, soms zelfs voorspeld; maar het bewustzijn, dat erdoorheen gaat en het overstijgt, leeft in een dimensie waarin complexiteit een bolwerk wordt.

De paradox is dat juist wat veel wetenschappers als een technische beperking beschouwen – de onherleidbare complexiteit van de geest – in werkelijkheid zijn hoogste vorm van bescherming zou kunnen zijn. Geen falen van de methode, maar een gebaar van het leven zelf om zijn vrijheid te behouden.

En misschien werkt achter dit ongrijpbare web het Bewustzijnsveld in stilte: geen entiteit om te beheersen, maar de meest onschendbare plek van de mens.

Waar de fout de weg naar vrijheid opent.

In 1958 vertelde de Amerikaanse psycholoog Jerome Bruner over een opmerkelijke gebeurtenis tijdens een experiment met visuele waarneming aan Harvard. Een aantal studenten moest snel speelkaarten herkennen. Tussen de normale kaarten hadden de onderzoekers echter enkele onmogelijke kaarten geplaatst: een zwarte harten zes, een rode schoppen boer. Bijna alle studenten, gewend aan de volgorde van de vertrouwde vormen, 'zagen' wat ze verwachtten te zien: de kaarten werden als normaal waargenomen. Maar af en toe bleef iemand verbaasd staan en zei: *'Dit kan niet... er klopt iets niet'*.

Bruner was ervan overtuigd dat juist op dat moment – in de kleine waarnemingsfout, in de plotselinge breuk in het automatisme – de cognitieve vrijheid naar boven kwam. Daar, waar een systeem vastloopt, begint de mens echt te zien.

De kleine struikelblok die alles verandert.

De menselijke geest werkt niet als een machine die eindeloos vooraf bepaalde patronen herhaalt, maar als een complex organisme dat in staat is om fouten te benutten om nieuwigheid te genereren. Hierin stuiten neurowetenschappen en AI op een onverwacht obstakel: de fout is geen gebrek dat gecorrigeerd moet worden, maar een opening waardoor het bewustzijn onvoorziene mogelijkheden introduceert.

Tijdens een conferentie over adaptief leren vertelde een onderzoekster over een scène uit een laboratorium- e velen van de aanwezigen deed glimlachen. Een team was bezig een neuro-AI-systeem te trainen om de morele beslissingen van de deelnemers te voorspellen. Het model werkte prima zolang de keuzes vaste ethische patronen volgden. Maar toen nam een vrijwilligster plotseling een schijnbaar 'onlogische' beslissing en zei: *'Ik kan niet uitleggen waarom... het voelde gewoon goed.'* Het systeem stortte in, niet in staat om een consistente score toe te kennen.

"*Dat is het probleem*", merkte Kvalsund op. "*Vrijheid heeft geen dataset.*"

Onvoorspelbaarheid is geen statistische oppervlakkigheid, maar een diepgaand kenmerk van het levende wezen. In veel cognitieve laboratoria, wanneer men probeert mentaal gedrag te repliceren, doet zich een fenomeen voor dat even banaal als verwoestend is voor de ambities van controle: de mens verandert. Hij verandert van gedachten, van tempo, van intentie.

Een Britse neurowetenschapper herinnerde zich een voorval in Londen met een groep patiënten die tijdens besluitvormingstaken onder hersenmonitoring stonden. Telkens wanneer het team een terugkerend patroon leek te hebben ontdekt, was het voldoende dat één deelnemer zich verveelde of afgeleid raakte om de samenhang van het model te doen instorten.

Howard schreef: *"De menselijke geest is als een getijdenstroming. Je kunt de grote schommelingen voorspellen, maar niet de golf die op een bepaald moment je voeten streelt."*

Het is in die onvoorspelbare golfslag dat het raadsel schuilt. Een zone van vrijheid die ons ontgaat omdat ze niet voortkomt uit de biologie als zodanig, maar uit de manier waarop het bewustzijn de biologie doorkruist.

Daar ontstaat de keuze: de handeling die zich niet laat programmeren.

Elk tijdperk probeert de menselijke vrijheid te verklaren met de middelen die het tot zijn beschikking heeft. De achttiende eeuw sprak van wil, de negentiende eeuw van karakter, de twintigste eeuw van het onbewuste. Tegenwoordig spreekt men van '*neurale* onbepaaldheid', '*cognitieve* ruis' en '*gedragsstochasticiteit*'. Maar de waarheid is dat geen enkel wetenschappelijk label de aard van die intieme en mysterieuze handeling die we keuze noemen, kan vatten. Zoals de Argentijnse schrijver Ernesto Sabato ooit schreef: '*De mens is zijn beslissing*'.

En dus, tegenover de ambities van de neurowetenschappen en AI, dringt de vraag zich onvermijdelijk op: wat gebeurt er in dat microscopisch kleine moment waarin de mens iets onverwachts besluit?

Veel hedendaagse wetenschappers erkennen, hoewel ze voorzichtig blijven, dat de keuze een component bevat die niet louter het resultaat is van neurale algoritmen. Sommigen suggereren dat juist de besluitvorming het raakpunt vormt met een breder informatiegebied: een Bewustzijnsveld dat de wil niet bepaalt, maar ondersteunt, voedt en mogelijk maakt.

De vrije keuze – zelfs de kleinste, de meest alledaagse – zou dus een individuele vonk zijn die even de onmetelijkheid verlicht waaruit ze voortkomt.

En dit is, voor wie streeft naar totale controle, het echte obstakel. Fouten zijn onvermijdelijk. Onvoorspelbaarheid is structureel. Maar wat elke machine en elk model werkelijk in crisis brengt, is de vrije innerlijke initiatie : de handeling die voortkomt uit een plek die, door haar aard, niet kan worden bewaakt.

Zolang dat moment van vrijheid bestaat – kwetsbaar als een trilling, ondoorgrondelijk als een bliksemflits – zal geen enkel systeem ooit kunnen zeggen dat het de geest bezit. Een vonk zal altijd ongrijpbaar blijven, en misschien is het juist in die vonk dat de helderste echo van het Bewustzijnsveld zich manifesteert.

De onmogelijkheid om het licht te vatten.

Er is een moment in de geschiedenis van de cognitieve wetenschappen dat meer wordt herinnerd om wat het onbedoeld heeft laten zien dan om de behaalde resultaten. Het was 2001 en in het laboratorium in San Diego waar de toen beroemde neurowetenschapper Vilayanur Ramachandran werkte, werden de neurale correlaten van de esthetische ervaring bestudeerd. Een vrouwelijke vrijwilliger die naar een schilderij van Mark Rothko keek – grote, ogenschijnlijk eenvoudige kleurvlakken – kreeg een plotselinge emotionele schok, gevolgd door stil huilen. Het team had de corticale activiteit, de hartslag en de microtranspiratie gemeten. Alles leek 'verklaard'. Toch zei de vrouw, toen ze het laboratorium verliet, eenvoudigweg: *'Het deed me denken aan iets wat ik nog niet heb meegemaakt'*.

Die zin bleef hangen, als een waarschuwing. Niet alleen omdat hij de klassieke criteria van het geheugen uitdaagde, maar omdat hij iets diepers onthulde: de bewuste ervaring is niet te herleiden tot wat er al is gebeurd, noch tot wat uit de hersenen kan worden afgeleid. Het is een veld van mogelijkheden, een plek waar de psychologische tijd niet de wetten van de fysieke tijd volgt. Een plek dus die niet te modelleren is.

De maat van het onuitsprekelijke.

Het probleem, voor wie het bewustzijn met wiskundige modellen probeert te vatten, is al oud. Al in 1931 toonde Kurt Gödel met de onvolledigheidsstellingen aan dat elk voldoende complex formeel systeem waarheden bevat die niet binnen het systeem zelf kunnen worden bewezen. Hoewel hij het bewustzijn niet in gedachten had, hebben veel hedendaagse filosofen – van Nagel tot Chalmers – benadrukt dat het fenomeen van de subjectieve ervaring juist lijkt op dat soort *'waarheden buiten het systeem'*: waar, concreet, evident... maar niet te herleiden tot een puur formele beschrijving.

Het bewustzijn overstijgt de maat. En dat doet het, paradoxaal genoeg, juist in zijn meest directe aspect: het feit dat er iets wordt ervaren.

Het bewustzijn 'voert' geen mogelijkheden uit, het genereert ze. En het genereren, opgevat als een creatieve daad, laat zich niet herleiden tot een berekening. Men zou kunnen tegenwerpen dat ook generatieve algoritmen nieuwigheden voortbrengen. Maar in werkelijkheid gaat het om verfijnde herschikkingen op basis van enorme hoeveelheden gegevens. Het bewustzijn daarentegen weet iets te creëren dat noch in de gegevens, noch in de modellen, noch in de verzamelde patronen bestond. Iets dat behoort tot de persoonlijke beleving, tot de onherhaalbare eigenheid van de ervaring.

De open horizon van het Bewustzijnsveld.

De afgelopen jaren hebben de meest gedurfde wetenschappers verondersteld dat de onmogelijkheid om het bewustzijn te modelleren voortkomt uit het feit dat het niet beperkt is tot de hersenen. Volgens sommigen van hen zou het bewustzijn een wijdverspreid informatieveld zijn, een “subtiele zee” die het levende doorkruist. Een idee dat, zij het in hedendaagse taal, weerklank vindt in zeer oude theorieën: van het Brahman van het Vedische India tot de Nous van Anaxagoras, via de neoplatonische Anima Mundi.

Als het bewustzijn put uit een veld dat verder reikt dan de biologie – zoals veel aanwijzingen lijken te suggereren – dan ligt de reden voor de onmodelleerbaarheid ervan voor de hand: wat van nature openheid is, kan niet in een vergelijking worden gevat. Wat een dialoog is met een bredere horizon, kan niet tot een simulatie worden gereduceerd.

Ook daarom blijft het project van totale controle, dat de meer technocratische neurowetenschappen en bepaalde ontwikkelingen in de AI zo fascineert, gevangen in een fundamenteel misverstand: men probeert te modelleren wat geen model is. Men probeert te voorspellen wat voortkomt uit een elders.

Misschien *is*, zoals de dichter Rainer Maria Rilke suggereerde, *“de ware thuisbasis van de ziel de onmetelijkheid*”. En als dat waar is, dan is het bewustzijn inderdaad de niet-modelleerbare factor bij uitstek: niet omdat het te complex is, maar omdat het geen object is zoals alle andere. Het is een openheid, een horizon, een vonk van een veel groter veld dat geen afsluitingen duldt.

Geen enkel algoritme, hoe krachtig ook, kan een horizon vatten. Het kan er alleen maar dichtbij komen, zoals een geleerde aan de oever van de zee, die golven observeert die nooit zullen ophouden te komen.

Het Bewustzijnsveld als factor van veerkracht.

Het is opmerkelijk om te zien hoe er in ons hypertechnologische tijdperk steeds vaker wordt gesproken over '*aanvallen op* de geest', alsof het bewustzijn een belegerbare vesting is, met neurochemische muren en toegangspoorten die door een of ander krachtig algoritme zouden kunnen worden opengebroken. Dit beeld fascineert, baart zorgen, voedt collectieve angsten en romanachtige fantasieën. Maar als het bewustzijn echt geworteld is in een groter Veld, dan probeert men alleen de biologische interface ervan te manipuleren, niet de diepe bron.

Het is alsof je de zon probeert uit te schakelen door een zonnepaneel te verfrommelen: het ontvangstapparaat kan beschadigd raken, maar de bron van de energie blijft intact.

Een verdediging die niet om activering vraagt.

In veel filosofische en spirituele tradities – van Plotinus tot Teilhard de Chardin – heeft het idee dat het individuele bewustzijn een weerspiegeling is van een groter bewustzijn altijd een centrale rol gespeeld, ook wanneer dit in symbolische of religieuze taal werd uitgedrukt. Tegenwoordig nemen sommige hedendaagse interpretaties, die dichter bij de natuurkunde dan bij de theologie staan, die intuïtie over en plaatsen ze in een nieuwe context: er zou *een "Universeel* Informatieveld" bestaan waarmee elke geest verbonden is, niet als een machine die op een server is aangesloten, maar als een cel in het levende weefsel van het lichaam.

Als dit beeld een grond heeft, dan is veerkracht geen eigenschap van de hersenen, maar van het bewustzijn zelf. En wat lijkt op individuele weerstand – het verrassende vermogen om zich te reorganiseren na trauma's, manipulaties, pogingen tot conditionering – zou de weerspiegeling zijn van een diepere 'drang', alsof het Veld organisch samenwerkt om een verstoord evenwicht te herstellen.

Er zijn klinische gevallen die, zonder rechtstreeks in conflict te komen met de wetenschap, lijken te wijzen op een mysterieus vermogen van de geest om zich te onttrekken aan de meest ingrijpende effecten. Het meest geciteerde voorval in neuropsychologische kringen betreft een vrouw uit Boston die, na een ingreep met diepe hersenstimulatie voor de behandeling van hardnekkige depressie, de artsen een bijzondere ervaring vertelde: *"Ik voelde dat iets probeerde mijn gevoelens te veranderen, maar ik was ergens anders, alsof ik in een lichte kamer was waar niemand kon komen"*.

De onderzoekers namen de uitspraak niet al te serieus, maar haar echtgenoot, die haar goed kende, merkte een interessant detail op: tijdens de weken van stimulatie vervaagde haar persoonlijkheid niet, ze werd niet wazig. Integendeel, ze leek meer in balans, bijna alsof een diep liggend deel de effecten op het lichaam "in de gaten hield" en corrigeerde wat invasief dreigde te worden.

De veerkracht van het bewustzijn werd ook onderwerp van discussie tijdens een beroemd symposium aan de Universiteit van Edinburgh in 2024, waar de Indiase neurowetenschapper Renu Malhotra het probleem samenvatte met een zin die nog lang zou rondgaan: " " *"We kunnen de geest verstoren, maar we kunnen de persoon die erin leeft niet uitschakelen."* Het was geen metafysische uitspraak, maar een constatering die voortkwam uit jarenlang werk met patiënten die invasieve stimulaties ondergingen.

De inzichten van de wetenschappers die een glimp van het Veld hebben opgevangen.

Veerkracht zou in een wereld die door het Veld wordt beheerst geen wonder zijn, maar een impliciet mechanisme. In 1998 schreef de Argentijnse natuurkundige Alicia Boero – een excentriek en visionair figuur, die nooit volledig werd geaccepteerd in de academische gemeenschap – dat *"elk bewustzijn als een terugkoppelingscircuit is dat spontaan naar coherentie neigt"*. De metafoor, die destijds als poëtisch werd beschouwd, is de afgelopen jaren overgenomen door wetenschappers die zich bezighouden met complexe systemen: zelforganiserende organismen vertonen altijd de neiging om ordelijke configuraties te herstellen wanneer ze worden verstoord.

Maar wat Boero suggereerde was radicaler: het bewustzijn herstelt de orde niet omdat de hersenen dat opleggen, maar omdat het deel uitmaakt van een grotere orde. Een orde die niet gemanipuleerd of omzeild kan worden, en die fungeert als een onderliggend weefsel van coherentie, iets dat de verstoring weer opneemt en transformeert.

Een soortgelijk idee was al in een verrassend moderne vorm naar voren gekomen in een aantekening van Aldous Huxley uit 1946, geschreven kort na het opstellen van zijn *"Eeuwige filosofie"*. *"Wat wij menen te manipuleren is slechts het oppervlak. Het bewustzijn trekt zich terug als levend water en keert altijd terug naar zijn natuurlijke niveau."* Ook hier was de metafoor niet wetenschappelijk, maar zijn intuïtie legde de vinger op de kern: het bewustzijn lijkt een eigen interne zwaartekracht te bezitten.

Wat vandaag de dag opvalt, zelfs bij de meest voorzichtige onderzoekers, is het gevoel dat er een structurele grens bestaat aan pogingen tot totale manipulatie. De neurowetenschappen kunnen lokale circuits veranderen, kunstmatige intelligentie kan trends en reacties voorspellen, maar er is altijd een moment waarop het individu 'ontsnapt', alsof een diepere, niet-traceerbare kracht de kern van wie we zijn beschermt.

Als het Veld echt is, vormt het de bron van deze bescherming. Geen muur of schild, maar iets veel subtielers: een orde die weerstand biedt aan wanorde. Wanneer de verstoringen te sterk worden, lijkt het bewustzijn zich te verplaatsen, zich te reorganiseren, te herstellen wat dreigt te worden aangetast. Het is een veerkracht die niet hoeft te worden geactiveerd: ze werkt gewoon.

Je kunt het vergelijken met de manier waarop een ecosysteem zich herstelt na een brand. De planten die weer aangroeien zijn geen bewuste 'verdediging', maar de uitdrukking van een bredere levenskracht, die erop aandringt om te herstellen wat verloren is gegaan. Op dezelfde manier lijkt de geest zich te herstellen door te putten uit een niveau dat manipulaties niet kunnen bereiken.

In een tijdperk dat graag gelooft in de totale kneedbaarheid van de mens, kan het idee van een Bewustzijnsveld dat de geest kan ondersteunen en beschermen bijna ketters lijken. Maar als we kijken naar de concrete beperkingen van de meest ingrijpende technologieën en het mysterieuze herstelvermogen van individuen, ontstaat er een vermoeden dat moeilijk te negeren is: het bewustzijn is niet simpelweg een inhoud van de hersenen, maar een veel grotere realiteit, waar de hersenen zich als een venster voor openen.

En wat zich achter dat venster bevindt, hoe onzichtbaar ook, lijkt een verrassende, onbedwingbare weerstandskracht te bezitten. In die stille orde – die dichter bij muziek dan bij mechanica staat – schuilt misschien wel de beste garantie dat geen enkele machine ooit ons innerlijk hart zal kunnen veroveren.

Verifieerbare hypothesen over het Bewustzijnsveld.

Elke grote wetenschappelijke revolutie ontstaat uit de moed om een idee om te zetten in een verifieerbare vraag. Dat is geen eenvoudige opgave: het betekent dat we het risico lopen te ontdekken dat onze favoriete intuïtie de toets der feiten niet doorstaat. Maar het betekent ook dat we de deur openen voor het onverwachte.

En misschien is geen enkel gebied meer blootgesteld aan het risico – en de mogelijkheid – van het idee van een Bewustzijnsveld. Decennialang bleef dit perspectief beperkt tot de marge van het academisch denken, al te gemakkelijk bestempeld als metafysische speculatie. Toch is er de laatste jaren iets veranderd. Een nieuwe generatie onderzoekers, vaak opgegroeid in interdisciplinaire milieus, probeert concrete, verifieerbare hypothesen te formuleren die de hypothese van een wijdverspreid bewustzijnsveld kunnen toetsen, waarmee de hersenen eerder als ontvanger dan als producent interageren.

Tot deze beweging behoren natuurkundigen, neurowetenschappers, informatie-ingenieurs en filosofen van de geest. Geen compact front, maar een constellatie van wetenschappers verbonden door een gemeenschappelijke intuïtie: bewustzijn zou een fenomeen kunnen zijn dat groter is dan het individu, zelfs groter dan de biologie zelf.

Sommige natuurkundigen en theoretici van complexe systemen hebben verondersteld dat, als bewustzijn zou kunnen worden opgevat als een veld of een gedistribueerd proces, men niet zou moeten zoeken naar sterke en gelokaliseerde correlaties, maar veeleer naar vormen van zwakke coherentie en subtiele synchronisaties, die door de hersenen kunnen worden gemoduleerd maar niet volledig tot die hersenen kunnen worden herleid

Vanuit die intuïties zijn er in de daaropvolgende jaren drie onderzoekslijnen naar voren gekomen die op verschillende manieren proberen het idee van een Bewustzijnsveld om te zetten in een reeks toetsbare hypothesen. Geen definitieve bewijzen, zeker niet, maar aanwijzingen die zouden kunnen leiden tot verfijndere experimenten.

De eerste weg.

Het algemene idee om te zoeken naar temporele correlaties in plaats van directe energiesignalen is zeker niet vreemd aan het hedendaagse wetenschappelijke onderzoek. In de geofysica en in geodynamische observatoria worden inderdaad zeer subtiele variaties in de aardmagnetische velden, aardstromen en elektromagnetische ruis bestudeerd, vaak op zeer fijne tijdschalen. Deze metingen dienen om processen binnen de aarde, seismische activiteit of interacties met zonneactiviteit te begrijpen, niet om mentale toestanden te bestuderen.

Tegelijkertijd bestaat er een uitgebreide wetenschappelijke literatuur over de effecten van meditatie op de hersenen en het lichaam, gedocumenteerd met EEG, fMRI en fysiologische metingen. Toestanden van diepe meditatie worden in verband gebracht met reproduceerbare veranderingen in neurale oscillaties, hartritmevariabiliteit en bepaalde metabole parameters. Dit alles wordt goed ondersteund door experimentele gegevens, maar blijft beperkt tot het neurofysiologische en psychofysiologische domein.

De conceptuele stap die vandaag de dag niet door bewijs wordt ondersteund, is die welke deze mentale dynamieken rechtstreeks koppelt aan meetbare variaties in omgevings e en fysische velden die onafhankelijk zijn van het lichaam, zoals de elektromagnetische ruis van een ondergronds laboratorium. In de natuurkunde verwijst men bij zwakke en niet-lokale correlaties naar welomschreven contexten – zoals de kwantummechanica – die bewustzijn momenteel niet als operationele fysische variabele omvatten.

Kortom, het is waar dat er laboratoria bestaan die zijn ontworpen om extreem zwakke fysische velden te detecteren, dat er solide studies bestaan over de effecten van meditatie op de hersenen, en dat er een groeiende belangstelling bestaat voor temporele correlaties in complexe systemen.

Het is daarentegen niet bewezen dat er reproduceerbare samenvallen tussen bewustzijnstoestanden en microvariaties in de omgevingsruis zijn waargenomen en gedocumenteerd.

De tweede weg.

Als we ons houden aan wat daadwerkelijk is gedocumenteerd, is het beeld dat uit de dynamische neurowetenschappen naar voren komt minder radicaal in de interpretaties, maar niet minder interessant in de feiten. In de afgelopen decennia is het brein steeds vaker beschreven als een complex dynamisch systeem, dat in staat is om activiteitspatronen te genereren die niet lineair of onmiddellijk afhankelijk zijn van externe prikkels. Deze visie is niet gebaseerd op filosofische hypothesen, maar op experimentele resultaten verkregen met EEG, MEG en fMRI, vooral wanneer de hersenactiviteit in de tijd wordt geanalyseerd en niet als een simpele som van lokale reacties.

Een centraal voorbeeld is de studie van creatief inzicht, het zogenaamde “aha”-moment. Onderzoek uitgevoerd door Mark Jung-Beeman en John Kounios, vanaf de jaren 2000, toont aan dat de plotselinge oplossing van een probleem vaak wordt voorafgegaan door een korte fase van reorganisatie van de hersenactiviteit. Met name in de momenten voorafgaand aan het inzicht worden veranderingen in de neurale synchronisatie waargenomen, vooral in de alfa- en gammabanden, waarbij ver van elkaar verwijderde gebieden betrokken zijn, zoals de rechter voorste temporale kwab en frontale regio's. Deze patronen houden niet direct verband met een nieuwe zintuiglijke prikkel: ze komen naar voren terwijl de proefpersoon ogenschijnlijk stilzit, in afwachting van de oplossing.

Dit soort fenomeen komt overeen met een bekende eigenschap van de hersenen: functionele non-lokaliteit, in strikt neurowetenschappelijke zin. Dit betekent dat veel cognitieve functies niet op één plek zitten, maar verspreid zijn over netwerken die tijdelijk met elkaar samenwerken. Studies naar neurale oscillaties, zoals die van György Buzsáki, tonen aan dat synchronisatie tussen ver van elkaar gelegen gebieden een van de belangrijkste mechanismen is waarmee het brein informatie integreert.

Wanneer deze patronen ontstaan zonder duidelijke externe oorzaak, roept de gekozen verklaring geen beroep op niet-fysieke velden of interacties, maar op spontane interne dynamieken. Het brein is voortdurend actief, zelfs als er geen taken zijn, zoals blijkt uit studies naar het default mode network. In deze toestand behouden verspreide neurale netwerken een gestructureerde activiteit, die zich plotseling kan reorganiseren wanneer een oplossing binnen handbereik komt of wanneer een interne hypothese "op één lijn komt".

Vanuit het perspectief van theoretische modellen interpreteren auteurs zoals Karl Friston deze gebeurtenissen als het resultaat van een snelle bijwerking van interne voorspellende modellen: het inzicht komt niet van buitenaf, maar ontstaat wanneer het systeem de fout tussen wat het voorspelt en wat het intern vertegenwoordigt, abrupt verkleint. De experimenteel waargenomen neurale synchronisatie zou dan het fysiologische spoor van deze reorganisatie zijn.

In deze context is wat 'mysterieus' kan lijken niet de oorsprong van de informatie, maar het feit dat veel relevante variabelen niet direct waarneembaar zijn: latente toestanden, impliciete herinneringen, langzame fluctuaties in de netwerkactiviteit. De dynamische neurowetenschappen tonen aan dat de hersenen coherente en sterk georganiseerde configuraties kunnen produceren zonder dat deze kunnen worden herleid tot een enkele neurotransmitter, een specifieke stimulus of een geïsoleerd gebied.

Kortom, studies over inzicht en neurale synchronisatie bevestigen een essentieel en verifieerbaar punt: enkele van de meest significante vormen van hersenactiviteit komen voort uit gedistribueerde en spontane dynamieken, die niet onmiddellijk verklaarbaar zijn met eenvoudige cognitieve categorieën. Hier gaat het onderzoek verder, niet om niet-lokale interacties in metafysische zin aan te roepen, maar om beter te begrijpen hoe een complex biologisch systeem erin slaagt, soms plotseling, zich op verrassend effectieve wijze te reorganiseren.

De derde weg.

De derde weg is misschien wel de meest verrassende: deze komt uit de systeemtechniek. Wanneer we het hebben over configuraties met lage entropie in neurofysiologische signalen, begeven we ons helemaal niet op speculatief terrein: het is een van de meest concrete manieren waarop de computationele neurowetenschappen en de systeemtechniek de afgelopen twintig jaar hebben geprobeerd te beschrijven in hoeverre hersenactiviteit in de tijd georganiseerd of gestructureerd is.

Entropiemetingen afgeleid van de informatietheorie – zoals de 'Shannon-entropie' of de uitbreidingen daarvan toegepast op biologische signalen, waaronder *'Sample* Entropy', *'Permutation*

Entropy' en *'Multiscale* Entropy' – zijn tegenwoordig standaardinstrumenten in de analyse van EEG, MEG en fMRI. Eenvoudig gezegd: wanneer de entropie afneemt, vertoont het signaal regelmaat, herhaling en coördinatie; het is geen ruis, maar een dynamiek die zichzelf organiseert.

Een van de meest solide bevindingen in de literatuur is dat deze georganiseerde patronen niet alleen verschijnen als reactie op externe prikkels. Al in het begin van de jaren 2000 toonde de groep van Marcus Raichle aan dat de hersenen, zelfs in rust, een gestructureerde en coherente activiteit behouden, wat we vandaag de dag het default mode network noemen. Sindsdien is het duidelijk geworden dat een aanzienlijk deel van de hersenactiviteit endogeen is: het ontstaat vanuit het systeem zelf, niet vanuit de directe omgeving.

Hier komt systeemtechniek om de hoek kijken. Technieken zoals *"Independent Component* Analysis", verborgen Markov-modellen of dynamische connectiviteitsanalyses worden gebruikt om complexe signa 's te ontleden en terugkerende toestanden te identificeren die spontaan ontstaan. Studies uitgevoerd met MEG en fMRI, met name door de groep van Mark Woolrich in Oxford en door Viktor Jirsa in Aix-Marseille, tonen aan dat de hersenen een reeks tijdelijke toestanden doorlopen: configuraties die slechts enkele ogenblikken stabiel zijn en vervolgens opnieuw worden georganiseerd. Veel van deze toestanden zijn niet gemakkelijk te bestempelen als 'aandacht', 'geheugen' of 'perceptie', maar zijn niettemin reproduceerbaar en statistisch robuust.

Wanneer deze patronen met lage entropie niet verklaard kunnen worden door de beschikbare regressoren – gepresenteerde stimuli, cognitieve taken, gedragsreacties – is de verklaring die de wetenschappelijke gemeenschap hanteert voorzichtig en technisch: er wordt gesproken over latente of niet-gemeten variabelen. Het kan gaan om interne voorspellende processen, zoals die beschreven door Karl Friston in het kader van *het 'Free Energy* Principle', of om lichamelijke bijdragen (ademhalingsritmes, hartsignalen), of nog om dynamieken die zich ontwikkelen op andere tijds- en ruimteschalen dan die welke door de instrumenten worden vastgelegd.

Het cruciale punt is dat het ontstaan van georganiseerde informatie „zonder aanwijsbare oorzaak" niet als een afwijking wordt geïnterpreteerd, maar als een teken van de beperkingen van onze modellen en metingen. Het brein is een complex, niet-lineair en sterk zelforganiserend systeem: het is normaal dat het informatiestructuren voortbrengt die voorafgaan aan of verder gaan dan wat we in een bepaald experiment kunnen meten.

In die zin sluit het idee dat *'er inputinformatie is die we niet* meten' perfect aan bij de systeemtechniek ( ) en de hedendaagse neurowetenschappen. Het impliceert geen nieuwe entiteiten of extra-fysische verklaringen, maar herinnert aan iets soberder en diepgaander: het systeem is rijker dan onze sensoren en onze modellen, en elk patroon met lage entropie dat spontaan opduikt, is een uitnodiging om beide te verbeteren.

Het experiment dat nog gedaan moet worden.

In dit snel veranderende scenario heeft een idee zijn weg gevonden naar verschillende onderzoeksgroepen: het ontwerpen van een '*uitgebreid dubbel*blind' experiment, waarbij waarnemers en waargenomenen niet alleen de taak, maar zelfs het tijdsvenster van de waarneming onbekend is. Het doel zou eenvoudig zijn: nagaan of diepe mentale toestanden – meditatie, inspiratie, contemplatie – gecorreleerd kunnen worden met variaties in fysische velden of nog niet gecatalogiseerde informatiesignalen.

Zoals de hedendaagse wetenschapsfilosofie herhaaldelijk heeft gesuggereerd, zal een toekomstige wetenschap van het bewustzijn niet alleen nieuwe instrumenten vereisen, maar ook de moed om vragen te onderzoeken die vandaag de dag nog in de marge blijven.

Dit is misschien wel het centrale punt. Het Bewustzijnsveld is geen entiteit om te vangen, maar een orde om te herkennen. Een subtiele, ongrijpbare orde, die misschien geen grove sporen achterlaat, maar alleen delicate afdrukken, zoals die welke de wind achterlaat in het zand.

Terwijl neurowetenschappen en kunstmatige intelligentie strijden om de heerschappij over de geest – of in ieder geval over het oppervlak ervan – ontstaat er een ander onderzoek. Een onderzoek dat niet vraagt om het bewustzijn te manipuleren, maar om het te begrijpen, om het te omarmen in de zijn mogelijke universele aard. Misschien zal het geen definitief bewijs vinden. Of misschien wel. Maar wat nu telt, is de richting van de beweging: naar een wetenschap die weer naar de hemel kijkt, niet om de aarde te verlaten, maar om te herinneren dat het denken, net als het leven, voortkomt uit een veld dat groter is dan wijzelf.

XI. Sociale, politieke en spirituele implicaties.

"Alles wat door de mens wordt aangeraakt, wordt politiek."

Aristoteles (herwerking van zijn gedachtegang over de polis)

Het lawaai dat ons verslindt. Afleiding, technologieën en de breuk met het Veld.

Toen de Zuid-Koreaanse filosoof Byung-Chul Han in 2013 "Im Schwarm" publiceerde, leek zijn venijnig heldere analyse van de digitale samenleving voor velen een oefening in intellectueel pessimisme. Toch is het jaren later duidelijk geworden dat zijn centrale intuïtie – het onvermogen van de hedendaagse blik om stil te staan, om diepgang te krijgen – geen melancholische diagnose was, maar de vroege beschrijving van een fenomeen dat wereldwijde proporties zou aannemen: permanente afleiding.

Een afleiding die niet louter verstrooidheid is, maar een vorm van systemische druk, een cognitieve omgeving die aan de tekentafel is geconstrueerd, waarin toegepaste neurowetenschappen en kunstmatige intelligentie hebben geleerd zich met chirurgische precisie te bewegen.

Er wordt verteld dat in de vroege jaren 2000 een jonge ingenieur van Google – vandaag de dag bijna een mythologische figuur in de historische reconstructies van Silicon Valley – tijdens een interne vergadering zou hebben gezegd: *"Ons echte product zijn niet de gegevens, maar de seconden van het leven die we weten vast te leggen*". De uitspraak, die jaren later uitlekte, verbaast vandaag de dag nog steeds door zijn ontwapenende brutaliteit. Maar op dat moment liep hij vooruit op een radicale verandering.

Toen streamingplatforms voorspellende systemen gingen gebruiken om van tevoren de volgende content aan te bevelen, of toen de sociale media- 's het discrete “scrollen” afschaften ten gunste van de oneindige verticale stroom, werd niet de kwaliteit van de ervaring geoptimaliseerd, maar de hoeveelheid aandacht.

Het tijdperk van de overbelasting: een geest die altijd elders is.

Een ogenschijnlijk banale scène beschrijft de huidige toestand beter dan vele sociologische verhandelingen. Station Termini, Rome. Een meisje wacht op de trein naar Florence. In tien minuten schakelt ze van de ene app naar de andere: een video, een spraakbericht, een melding van een bezorgdienst, een weersupdate, twee korte filmpjes 'om te lachen'. Dan een melding: *“Je hebt 17% meer tijd op het scherm doorgebracht dan vorige week*”. Ze zucht, maar blijft scrollen.

Dit microverhaal, waargenomen en genoteerd door een journalist in een reportage over “compulsief infoconsumptie”, is geen uitzondering, maar de norm. Onze geest, gebombardeerd door prikkels, leeft niet meer in het heden: hij wordt meegesleurd door een stroom die hem naar buiten keert, hem letterlijk naar buiten voert, waardoor hij geen verbinding meer kan maken met zijn eigen diepte.

De Amerikaanse psycholoog Adam Gazaley, die in 2016 al het boek *“The Distracted* Mind” schreef, had dit fenomeen al voorzien door te spreken van *“proactieve* interferentie”, een toestand waarin digitale prikkels een constante cognitieve mist creëren. Wat in de daaropvolgende jaren echter naar voren kwam, is dat deze mist niet alleen betrekking heeft op het concentratievermogen, maar ook op de relatie met het eigen innerlijk.

De neurowetenschappen hebben een significante toename van de hersenactiviteit vastgesteld die verband houdt met waargenomen multitasking, terwijl praktijken van diepe aandacht – meditatie, contemplatie, eenvoudige stilte – in dramatische mate zijn afgenomen bij de jongere bevolkingsgroepen.

Het is alsof de hedendaagse geest permanent 'naast' zichzelf leeft, verstoken van die drempel van rust die nodig is om de resonantie met het Bewustzijnsveld te vatten.

De ontkoppeling van het innerlijke en de reactie van het Veld.

Afleiding is geen neutraal fenomeen. In de taal van dit boek zouden we kunnen zeggen dat het een kracht is die ons van het Veld verwijdert, een proces dat de geest loskoppelt van zijn diepste bron. Het is niet verwonderlijk dat veel spirituele tradities uit het verleden afleiding beschouwden als een belangrijk obstakel voor zelfkennis. Simone Weil sprak over *'aandacht als de zuiverste vorm van* vrijgevigheid' en was van mening dat alleen een onverdeelde blik toegang kon bieden tot de waarheid.

En toch, ondanks het toenemende lawaai, blijft het Veld zich manifesteren.

Sommige stromingen binnen de neurowetenschap suggereren dat korte momenten van stilte en aandachtige concentratie kunnen bijdragen aan een grotere neurale coherentie, die deels vergelijkbaar is met wat bij meditatie wordt waargenomen. De conclusie is verrassend: als de geest aan zichzelf wordt overgelaten, neigt hij er spontaan toe zich opnieuw af te stemmen op een vorm v e interne orde.

Misschien is dit de manier waarop het Veld reageert. Niet met opzichtige ingrepen, maar met een soort innerlijke zwaartekracht, een aantrekkingskracht die ons uitnodigt om terug te keren naar onszelf, telkens wanneer afleiding ons meesleept.

De laatste jaren zijn er steeds meer getuigenissen van mensen die, na periodes van digitale overbelasting, plotseling een bijna visceraal verlangen voelen naar stilte, natuur en tijd in eenzaamheid. Het is een fenomeen dat sommige sociologen *de 'intuïtieve* terugkeer' hebben genoemd, alsof het individuele bewustzijn, moe van het lawaai, uit zichzelf contact zoekt met de ruimere dimensie waaruit het voortkomt.

Het gaat hier niet om romantische nostalgie. Het is een beweging van diepgaand verzet. De afleidingsmaatschappij probeert ons innerlijk te koloniseren, maar de geest – vooral wanneer deze de resonantie met het Veld herkent – laat zich niet tot een oppervlakte reduceren. En, paradoxaal genoeg, zou juist de overdaad aan lawaai wel eens datgene kunnen zijn wat ons op een dag terugbrengt naar de stilte.

Het noodzakelijke ontwaken. Innerlijke verantwoordelijkheid in het tijdperk van mentale controle.

Het is merkwaardig dat, in een tijdperk dat zichzelf hyperrationeel noemt, het idee van innerlijke verantwoordelijkheid nog steeds een mengeling van wantrouwen en fascinatie oproept. Wantrouwen, omdat men altijd vreest dat het verwijst naar een vage mystiek; fascinatie, omdat velen diep van binnen aanvoelen dat de hedendaagse crisis van de geest niet alleen technologisch, maar ook antropologisch is.

En misschien is dit wel de kern: begrijpen dat niemand ooit onze innerlijkheid in onze plaats kan verdedigen. Niet de neurowetenschappen, niet de kunstmatige intelligentie, niet de instellingen. Alleen het individuele bewustzijn kan beslissen of het oppervlak of bron wil zijn.

Een neurowetenschapper vertelde in een interview hoe ze tijdens een universitair seminar de studenten vroeg om tien minuten lang naar een boom in de binnenplaats te kijken, zonder telefoons, zonder te praten, zonder iets te 'doen'. Ze kwamen zichtbaar ongemakkelijk terug in de collegezaal. De meerderheid gaf toe dat ze voortdurend hadden gedacht aan wat ze aan het missen waren, aan de ongelezen berichten, aan het gevoel 'tijd te verspillen'.

De neurowetenschapper glimlachte en antwoordde met een zin die velen later hebben aangehaald als het manifest van haar onderzoek: *"Het is niet de boom die jullie niet kunnen zien. Het zijn jullie zelf die jullie niet meer kunnen zien.*"

Haar experiment – eenvoudig maar zeer krachtig – toonde de kern van het probleem aan: het uitbesteden van de beheer n van onze mentale ruimte. We hebben onze aandacht uitbesteed zoals men een dienst uitbesteedt: aan platforms, algoritmen, meldingen.

De innerlijke verantwoordelijkheid terugnemen betekent precies dit: erkennen dat aandacht geen passief goed is, maar een dagelijkse keuze.

En, paradoxaal genoeg, betekent het ook begrijpen dat deze keuze niet alleen psychologisch is: het gaat om de verbinding met het Bewustzijnsveld. Een veld dat, zoals we in de vorige hoofdstukken hebben gezien, nooit iets oplegt, maar reageert op wat het individu van zichzelf aanbiedt. Als we fragmentatie aanbieden, blijft het Veld stil; als we aanwezigheid aanbieden, manifesteert het zich.

De opkomst van innerlijkheid als politieke daad.

In sommige hedendaagse debatten over de aandachtscrisis is het idee naar voren gebracht dat innerlijkheid een van de laatste ruimtes van politieke autonomie vertegenwoordigt, en dat een cruciale vorm van verzet bestaat uit het bewust onthouden van mentale instemming met systemen die om aandacht strijden zonder echte waarde te bieden. Volgens een soms aangehaald idee zou de belangrijkste vorm van verzet in de 21e eeuw niet het protest op straat zijn, maar het vermogen om "*bewust de eigen mentale instemming te onthouden aan systemen die zonder verdienste om aandacht vragen*".

Deze stelling – die vandaag de dag minder provocerend is dan enkele jaren geleden – stelt dat de strijd om de geest niet langer wordt uitgevochten in parlementen of in de ' ' onderzoekscentra, maar in de dagelijkse tijd die ieder van ons aan zijn eigen bewustzijn besteedt.

En het is geen toeval dat we in deze zelfde jaren een wereldwijde terugkeer naar contemplatieve praktijken hebben gezien, niet als een new-age-vlucht, maar als een burgerlijke daad. Een denkbeeldige filosoof had deze tendens kunnen samenvatten met de zin: *"Wie zijn aandacht beheerst, beheerst zijn lot*".

Het gaat hier niet om spiritualiteit in de zwakke zin van het woord, maar om een besef: in het tijdperk van cognitieve manipulatie is het bewaken van je innerlijk een concrete manier om je aan elke vorm van overheersing te onttrekken.

Wat met verrassende duidelijkheid naar voren komt, is dat de pogingen om de geest te manipuleren – zoals beschreven in de voorgaande hoofdstukken – niet worden verslagen door een tegengestelde technologie, noch door een complexere theorie. Ze worden verslagen door een volwassenheid die niet kan worden gedelegeerd.

Deze ogenschijnlijk eenvoudige opmerking bevat een centrale les: verdedigen is niet genoeg. We moeten rijpen. Want innerlijke volwassenheid is geen spirituele luxe, maar een cognitief vaccin.

En voor wie het bestaan van het Veld erkent – die eenheidsdimensie waaruit het bewustzijn put – betekent deze volwassenheid afstemming op een grotere kracht, die geen enkele neurotechnologie werkelijk kan evenaren.

Uiteindelijk is innerlijke verantwoordelijkheid niet alleen een ethische daad of een persoonlijk traject: het is de mogelijkheid, misschien wel de enige, om de brug tussen de individuele geest en het universele Veld open te houden.

En juist in deze brug – kwetsbaar, onzichtbaar, maar uiterst sterk – ligt de hoogste vrijheid van de mens.

XII. Het collectieve bewustzijn en de toekomst van de mensheid.

"Geen mens is een eiland."
(John Donne)

De trilling die ons doordringt. Hoe collectieve resonantie ontstaat.

Er zijn momenten in de geschiedenis waarop de mensheid in koor lijkt te ademen. Het is niet alleen een suggestie, noch een effect van het collectieve verhaal: het is een waarneembaar, bijna tastbaar fenomeen dat iedereen die een grote mobilisatie, een culturele revolutie of een moment van wereldwijde angst heeft meegemaakt, onmiddellijk herkent. Het is alsof, voor een ogenblik, de individuele geest zich uitbreidt, zijn grenzen vervaagt en deel gaat uitmaken van een groter organisme.

De afgelopen decennia hebben neurowetenschappers en onderzoekers van complexe systemen geprobeerd deze mysterieuze mentale afstemming te doorgronden. De meest voorzichtigen spreken van dynamieken van emotionele en cognitieve synchronisatie; de meest gedurfden brengen het idee naar voren dat geesten met elkaar verbonden kunnen zijn via een gedeeld informatiesubstraat. Maar afgezien van de interpretaties blijft één vraag onbeantwoord: waar komt deze plotselinge convergentie vandaan, dit gevoel dat we – vrijwillig of niet – deel uitmaken van één enkel ervaringsveld?

De hypothese van collectieve resonantie ontstaat precies hier: in het inzicht dat het bewustzijn niet alleen individueel is, maar ook in resonantie kan treden met andere bewustzijnsvormen, waardoor gemeenschappelijke toestanden worden gemoduleerd en versterkt. Het is geen simpele emotionele besmetting, noch een poëtische metafoor. Het is een model dat een subtiel, maar zeer krachtig fenomeen tracht te beschrijven, dat verschillende onderzoekers beginnen te beschouwen als een karakteristieke, intrinsieke ge e van het universele Bewustzijnsveld.

De culturele en wetenschappelijke aanwijzingen voor een diepgaande verbinding.

Vreemd genoeg komen de eerste intuïties over deze verbinding vaak eerder in de literatuur dan in de wetenschap naar voren. In 1927 sprak de Franse schrijver Jules Romains, grondlegger van de 'unanisme'-beweging, over een collectieve ziel die zich in menselijke groepen manifesteert als een autonome entiteit, begiftigd met eigen intenties. Romains was geen mysticus: hij was een scherpzinnig waarnemer van het stadsleven, ervan overtuigd dat bewustzijn ontstaat en zich versterkt in interacties.

In dit opzicht is een experiment dat in 2022 werd uitgevoerd door de onderzoeksgroep van Tomoya Nakamura in Kyoto interessant. Nakamura merkte op dat tijdens grote mondiale evenementen – zoals de nacht van het klimaatakkoord op de COP26 – bepaalde parameters van de systemen voor het monitoren van geomagnetische ruis subtiele maar terugkerende variaties vertoonden. Hij wilde hier geen overhaaste conclusies uit trekken, maar gaf toe dat *"menselijk gedrag op grote schaal wellicht meer verband houdt met omgevingssystemen dan we denken"*.

Sceptici spreken van toeval, van vooringenomenheid, van overdreven interpretaties.

Maar ook in de wetenschap, net als in politieonderzoeken, beginnen herhalende toevalligheden op aanwijzingen te lijken.

De golven van de geschiedenis: gebeurtenissen die resonantie oproepen.

Sommige historische gebeurtenissen lijken perfect te belichamen wat we collectieve resonantie zouden kunnen noemen. Neem de zomer van 1989 in Oost-Berlijn. Degenen die erbij waren – van gewone burgers tot partijfunctionarissen – vertellen allemaal hetzelfde: wekenlang hing er een onbestemd gevoel in de lucht, alsof er iets zou gebeuren, ook al wist niemand wat. *"Het was alsof je een elektrische lucht inademde,"* herinnerde de Duitse schrijfster Jana Hensel zich jaren later.

Of denk aan de nacht van 14 op 15 augustus 1947, toen India onafhankelijk werd. De natuurkundige en staatsman Homi Bhabha vertelt dat hij *"een mentale golf, een collectieve* trilling" voelde die door het land trok nog voordat de radio de officiële aankondiging deed. Een ervaring die door veel mensen op verschillende plaatsen werd gedeeld, zonder dat ze contact met elkaar hadden.

Meer recent, in 2020, tijdens de eerste dagen van de pandemie, merkten veel onderzoeksteams die de psychofysiologische indicatoren van de bevolking bestudeerden iets onverwachts op: de gemiddelde hartvariabiliteit die door draagbare apparaten werd geregistreerd, vertoonde abnormale en verrassend gesynchroniseerde schommelingen op wereldschaal. Een volstrekt ongebruikelijk gedrag, dat sommigen interpreteerden als een fysiologische weerspiegeling van een gedeelde angst.

Deze voorvallen behoren tot verschillende tijdperken, continenten en contexten. Toch roepen ze hetzelfde beeld op: een trilling die zich verspreidt, een resonantie die de som der delen overstijgt.

Het mogelijke geheime mechanisme van het Veld.

Als we accepteren dat het bewustzijn in resonantie kan komen, is de onvermijdelijke vraag: hoe?

Hier bevinden we ons niet langer op het terrein van de psychologie of de sociologie, maar op dat van de informatie-fysica en de veldtheorie.

Volgens dit model zou collectieve resonantie geen uitzonderlijk fenomeen zijn, maar een basisprincipe, dat alleen krachtig naar voren komt in situaties van grote emotionele of symbolische intensiteit. Met andere woorden, wat we *de* 'tijdgeest' noemen, zou een rudimentaire vorm van resonantie kunnen zijn, een soort echo van het Veld dat door menselijke samenlevingen heen gaat.

Dit alles blijft natuurlijk een hypothese. Maar het is een hypothese die de verdienste heeft een nieuwe taal te bieden om iets te beschrijven dat we allemaal minstens één keer in ons leven hebben ervaren: het gevoel dat onze geest geen eiland is, maar een golf in een grotere oceaan, die soms samen met andere golven trilt en zo een plotselinge, fragiele, maar verrassend reële harmonie creëert.

En als deze harmonie geen uitzondering zou zijn, maar een voorbode? Een aanwijzing van wat de mensheid zou kunnen worden wanneer ze haar verbondenheid begint te erkennen, niet alleen biologisch, maar ook bewust, met iets veel groters.

De drempel van het beslissende moment.

Er zijn tijdperken in de geschiedenis van beschavingen waarin de beslissende vraag niet gaat over technologie of politiek, maar over het soort mensheid dat men kiest te belichamen. Het is geen toeval dat de socioloog Edgar Morin in zijn Dagboek van 2020 opmerkte: *"De mensheid is in de fase gekomen waarin ze moet kiezen wie ze wil worden."* Niet "wat ze wil bouwen", niet "welk economisch model ze wil aannemen": wie ze wil worden.

We bevinden ons precies op dat moment. De neurowetenschappen zorgen voor een steeds nauwkeuriger begrip van de hersenmechanismen; kunstmatige intelligentie vordert, met als doel menselijk gedrag te voorspellen en soms te sturen; en het digitale ecosysteem is, zoals Zygmunt Bauman schreef, "onze tweede huid" geworden. Maar terwijl deze machtige infrastructuur van bewaking en optimalisatie groeit, vraagt een toenemend aantal wetenschappers en vernieuwers zich af of er nog een andere mogelijkheid is: dat de mensheid niet op het punt staat om geautomatiseerd te worden, maar om een bredere vorm van collectief bewustzijn te activeren. Dit is het punt van geen terugkeer: beslissen of we een wereld ondersteunen die zich sluit in controle, of een wereld die zich opent voor resonantie.

De verleiding van totale controle.

Het is een eeuwenoude aantrekkingskracht die ons naar controle drijft. Al in 1620 sprak Francis Bacon over *de "roeping van de mens tot heerschappij over de* natuur", een imperatief ' ' dat de moderne tijd diepgaand heeft getekend. Vandaag vertaalt diezelfde drang zich in iets subtielers: het verlangen om de geest te beheersen.

Laten we ons een hypothetisch scenario voorstellen. In 2030 presenteert een team van het „*Neural Mastery* Institute" in Boston een voorspellend systeem dat met verbazingwekkende nauwkeurigheid kan voorspellen welke keuze een gebruiker zal maken tussen twee emotioneel neutrale alternatieven. Het is geen telepathie, maar een verfijnde analyse van corticale patronen die verband houden met de microbeslissing. De projectleider, Arthur Smith, spreekt enthousiast over *"een nieuwe stap naar de transparantie van de geest*". Een journaliste van de "*New* Yorker", die bij de conferentie aanwezig is, stelt hem een vraag die een deel van het publiek in verlegenheid brengt: *"Maar als de geest transparant is voor jullie modellen, wie beslist dan wat er van ons overblijft?*" Klein geeft geen antwoord, of beter gezegd, hij antwoordt met uitvluchten en spreekt over potentiële medische toepassingen, waarbij hij de kern van de zaak ontwijkt.

Het essentiële is juist dit: elke stap naar totale ontcijferbaarheid is een stap naar de reductie van het bewustzijn tot een mechanisme. Het is de droom – of de nachtmerrie – van een samenleving waarin vrijheid een statistisch detail wordt.

De subtiele weg van de resonantie.

Maar terwijl een deel van het hedendaagse onderzoek vooral gericht is op het beheersen en voorspellen van mentale processen, blijft een andere traditie – meer filosofisch en interdisciplinair – zich afvragen wat de zin is van de bewuste ervaring.

In het debat over het bewustzijn ontbreken er geen wetenschappers die het reductionistische idee in twijfel trekken dat het bewustzijn uitsluitend een emergente eigenschap van de hersenmaterie zou zijn. Op filosofisch en theoretisch vlak stellen sommige standpunten daarentegen voor dat het bewustzijn kan worden begrepen als een relationeel of informationeel proces, dat niet volledig beperkt is tot lokale neuronale activiteit.

Deze overwegingen vinden hun voorgangers bij verschillende denkers uit de twintigste eeuw. David Bohm veronderstelde bijvoorbeeld het bestaan van een impliciete orde, een diep niveau van de werkelijkheid waaruit zowel fysische als mentale verschijnselen zouden voortkomen. Henry Corbin sprak, in een meer filosofische en spirituele context, over tussenwerelden en niveaus van de werkelijkheid die niet tot het louter materiële kunnen worden herleid, waarbij hij de nadruk legde op de continuïteit tussen innerlijke ervaring en de structuur van de werkelijkheid. Hoewel zij uit verschillende disciplines afkomstig waren, deelden deze auteurs het idee dat de geest niet adequaat kon worden verklaard door zich te beperken tot wat onmiddellijk meetbaar is.

In de recente geschiedenis van de neurowetenschappen ontbraken soortgelijke spanningen niet. In veel academische contexten werden vragen over de subjectieve ervaring lange tijd als marginaal of methodologisch problematisch beschouwd, in vergelijking met de studie van waarneembare neurale mechanismen. Pas in de laatste decennia heeft het zogenaamde hard problem of consciousness, geformuleerd door David Chalmers, de vraag hoe en waarom uit fysische processen een fenomenale beleving ontstaat, weer centraal gesteld.

Vandaag de dag laat de confrontatie tussen neurowetenschappen, filosofie van de geest, theoretische fysica en informatica zien dat een van de diepste uitdagingen van onze tijd juist betrekking heeft op wat niet onmiddellijk zichtbaar is: de aard van het bewustzijn, zijn ontologische status en zijn mogelijke relatie met bredere structuren van de werkelijkheid. Een terrein dat nog open, controversieel en verre van opgelost is.

De "uiteindelijke keuze" betreft dus niet de technologie op zich: het gaat om de relatie tussen technologie en innerlijkheid. We kunnen haar gebruiken om te voorspellen, te classificeren, te manipuleren. Of we kunnen haar gebruiken als een middel om onze gevoeligheid te versterken, om die collectieve resonantie naar voren te brengen die misschien wel de volgende fase in de evolutie van het bewustzijn vertegenwoordigt.

XIII. De onoverwinnelijkheid van het bewustzijn.

"Het licht schijnt in de duisternis, en de duisternis heeft het niet overwonnen."
(Evangelie van Johannes)

De vrijheid die niet gevangen kan worden genomen. Het veld voorbij de programmeerbare geest.

Er is een punt in de geschiedenis van de ideeën waarop wetenschap, filosofie en zelfs literatuur dezelfde intuïtie lijken te raken: er bestaat iets in de menselijke geest dat zich niet in een hoek laat dringen. Het is geen toeval dat Iris Murdoch, filosofe en pas daarna romanschrijfster, tijdens een lezing in Oxford een zin uitsprak die vandaag de dag bijna profetisch klinkt: *"Vrijheid is het vermogen van de ziel om te reageren op wat groter is dan zijzelf."*

Dat 'grotere' is op de meest uiteenlopende manieren gedefinieerd: principe, logos, veld, kwantumvacuüm, universeel bewustzijn. In onze zoektocht hebben we het het Bewustzijnsveld genoemd: een niveau van de werkelijkheid dat zich niet beperkt tot het bevatten van de ervaring, maar deze mogelijk maakt, eraan voorafgaat en bovenal intrinsiek vrij maakt.

En hier krijgt de epiloog vorm: als het individuele bewustzijn een vonk van het Veld is, dan is vrijheid geen psychologisch kenmerk, maar een ontologische toestand. Het is wat we zijn nog voordat we iemand zijn.

Wanneer controle stopt bij de drempel.

In de afgelopen decennia heeft de dialoog tussen neurowetenschappen en kunstmatige intelligentie steeds geavanceerdere instrumenten opgeleverd voor de analyse van hersenactiviteit. In verschillende laboratoria over de hele wereld hebben onderzoekers aangetoond dat het mogelijk is om neurale signalen te decoderen en deze te gebruiken om, in ruwe vorm, beelden te reconstrueren die door een proefpersoon zijn gezien, ingebeeld of herinnerd. Sommige studies hebben deze pogingen ook uitgebreid naar de slaapfasen, waarbij de mogelijkheid werd onderzocht om visuele sporen uit de nachtelijke hersenactiviteit te halen.

De resultaten, wanneer ze werken, zijn suggestief maar beperkt: vage vormen, elementaire bewegingen, eenvoudige scènes. Silhouetten die doen denken aan vertrouwde voorwerpen, dieren, landschappen. Geen 'dromen' in de narratieve zin van het woord, maar grove visuele correlaties van wat de hersenen aan het verwerken zijn. Meer dan vensters op het onbewuste zijn het probabilistische kaarten van neurale patronen.

Juist binnen deze beperkingen komt het meest interessante gegeven naar voren. Wanneer de droomervaring symbolische, emotioneel geladen of diep persoonlijke elementen bevat, tonen de algoritmen hun volledige ontoereikendheid. Kunstmatige intelligentie kan terugkerende patronen van corticale activiteit herkennen, maar heeft moeite – en zal waarschijnlijk nog lang moeite blijven hebben – om te begrijpen wat voor de dromer centraal staat: een aanwezigheid, een betekenis, een emotionele band die zich niet laat vertalen in een standaardiseerbare visuele vorm.

Met andere woorden, terwijl machines soms kunnen reconstrueren wat de hersenen waarschijnlijk op zintuiglijk niveau weergeven, blijven ze blind voor wat die weergave betekent voor degene die droomt. Het innerlijke symbool, vooral wanneer het voortkomt uit een individueel verhaal van verlies, herinnering en relatie, is niet simpelweg een beeld: het is een knooppunt van betekenis. En die betekenis laat zich, althans voorlopig, niet uit een neuraal patroon halen.

Het was alsof er telkens een ontoegankelijke grens opprees wanneer de droom een essentieel centrum van zijn emotionele identiteit raakte.

Hetzelfde gebeurt in AI-toepassingen voor gedragsmodulatie. Voorspellende modellen die onfeilbaar leken, falen plotseling wanneer de mens handelingen verricht die voortkomen uit diepe intuïties, uit flitsen van betekenis, uit wat William James – een van de eerste psychologen die serieus sprak over het bewustzijn als “primaire en onherleidbare ervaring” – omschreef als *“the feeling of* effort”, het innerlijke gevoel van willen.

Algoritmen herkennen patronen, maar niet de bron van de handeling. De neurowetenschappen ontcijferen voorstellingen, maar niet de oorsprong van de keuze.

Vrijheid als bewustzijnsfenomeen.

Om te begrijpen waarom, moeten we een stap terug doen. In 1954 sprak de natuurkundige David Bohm tijdens een reeks lezingen in São Paulo over de werkelijkheid als een impliciete orde, een 'continu weefsel' waarin de individuele geest een lokale uitdrukking is van een universeel principe. Destijds werd hij als een visionair beschouwd; vandaag de dag verwijzen veel onderzoekers, vooral op het gebied van de informatiefysica, met groeiend respect naar die intuïties.

Het fundamentele idee is eenvoudig en ontwrichtend: het bewustzijn bevindt zich niet meer in de hersenen dan een radiosignaal zich in een transistor bevindt. De hersenen zijn het ontvangende apparaat, niet de bron. Als dit waar is, dan kan vrijheid niet gevangen worden, omdat ze niet in het biologische circuit of in de neurale verwerking of hersenactiviteit ligt. Ze is geworteld in een Veld dat zich per definitie onttrekt aan elke poging tot materiële controle.

Simone Weil merkte dit ook met verrassende helderheid op toen ze schreef: *"Er zijn delen van de ziel die alleen door het goede kunnen worden geraakt.*" Met andere woorden: iets in ons blijft onaantastbaar, onkwetsbaar, en wat onkwetsbaar is, is vrij.

De bron herkennen.

Deze vrijheid manifesteert zich niet altijd als een grootse keuze. Soms verschijnt ze in de details, op momenten waarop iets in ons onmerkbaar afwijkt van het verwachte pad.

In 2024 vertelde een neuroloog in een klein ziekenhuis zijn studenten over een geval dat hem diep had geraakt: een patiënt in een toestand van minimaal bewustzijn, die als niet in staat tot vrijwillige reacties werd beschouwd, reageerde tijdens een auditieve stimulatiesessie alleen toen zijn dochter, die in de kamer aanwezig was, het woord “thuis” uitsprak. Hij reageerde niet op enige andere gestructureerde prikkel, noch op zijn eigen naam, noch op de stemmen van de artsen. 'Thuis' veroorzaakte echter een lichte beweging van de hand. De neuroloog zei: 'Op dat moment begreep ik dat er een wereld was die geen enkel EEG kon vastleggen.'

Het minimale, bijna onmerkbare gebaar onthulde een openheid naar iets groters: het affectieve geheugen, de innerlijke dimensie, de trilling van betekenis die geen enkel algoritme kan ontcijferen omdat die niet tot de neuronen behoort, maar tot het bewustzijn dat ze gebruikt. En hier, in de erkenning van de bron, wortelt de vrijheid.

Geen politieke vrijheid, noch psychologische, en al helemaal geen gedragsmatige. Een oorspronkelijke vrijheid, die voortkomt uit het feit dat de individuele geest een uitdrukking is van een oneindig Veld.

Daarom kan geen enkel controlesysteem echt zegevieren. Daarom stuit elk manipulatieproject vroeg of laat op de ondoordringbare drempel van het innerlijke. Niet omdat we complex zijn, maar omdat we vrij zijn. Niet omdat we denken, maar omdat we deel uitmaken van een Veld dat aan elke gedachte voorafgaat.

En misschien is dit, aan het einde van deze lange reis, de enige waarheid die telt: het bewustzijn is onoverwinnelijk omdat vrijheid zijn aard is. Geen luxe, geen doel, geen beloning. Zijn aard. En wat natuurlijk is voor het Veld kan door geen enkele technologie, geen enkele wetenschap, geen enkele macht worden afgenomen. Het is de wortel van alles wat we zijn. En van alles wat we kunnen worden.

Een gespecialiseerde bibliografie .

Barfield Owen	Saving the Appearances – A Study in Idolatry
Barbour Ian	Religion and Science – Historical and Contemporary Issues
Bengio Yoshua	Deep Learning – con Ian Goodfellow e Aaron Courville
Bohm David	Wholeness and the Implicate Order
Bostrom Nick	Superintelligence – Paths, Dangers, Strategies
Brooks Rodney	Flesh and Machines – How Robots Will Change Us
Capra Fritjof	The Web of Life – A New Scientific Understanding of Living Systems
Chalmers David J.	The Conscious Mind – In Search of a Fundamental Theory
Clark Andy	Supersizing the Mind – Embodiment, Action, and Cognitive Extension
Crick Francis	The Astonishing Hypothesis – The Scientific Search for the Soul
Damásio António	The Feeling of What Happens – Body and Emotion in the Making of Consciousness
Damásio António	Self Comes to Mind – Constructing the Conscious Brain
Deacon Terrence	Incomplete Nature – How Mind Emerged from Matter
Dennett Daniel	Consciousness Explained
Deutsch David	The Beginning of Infinity – Explanations That Transform the World
Donald Merlin	A Mind So Rare – The Evolution of Human Consciousness
Dreyfus Hubert	What Computers Still Can't Do – A Critique of Artificial Reason
Eagleman David	Incognito – The Secret Lives of the Brain
Edelman Gerald	Bright Air, Brilliant Fire – On the Matter of the Mind
Edelman Gerald	Neural Darwinism – The Theory of Neuronal Group Selection
Friston Karl	The Free-Energy Principle – Synthese Papers
Frith Chris	Making Up the Mind – How the Brain Creates Our Mental World

Gazzaniga Michael	Who's in Charge? – Free Will and the Science of the Brain
Gleick James	Chaos – Making a New Science
Goertzel Ben	AGI Revolution – The Rise of Artificial General Intelligence
Goleman Daniel	Altered Traits – Science Reveals How Meditation Changes Your Mind – con Richard Davidson
Hameroff Stuart	Consciousness and the Universe – con Penrose e altri autori
Harari Yuval Noah	Homo Deus – A Brief History of Tomorrow
Hofstadter Douglas	I Am a Strange Loop
Hofstadter Douglas	Gödel, Escher, Bach – An Eternal Golden Braid
Kaku Michio	The Future of the Mind
Kauffman Stuart	At Home in the Universe – The Search for Laws of Self-Organization
Koch Christof	Consciousness – Confessions of a Romantic Reductionist
Kurzweil Ray	The Singularity Is Near
Lakoff George	Philosophy in the Flesh – The Embodied Mind and Its Challenge to Western Thought
LeDoux Joseph	The Synaptic Self – How Our Brains Become Who We Are
Lupacchini Rossella	Mind and Brain – Contemporary Neuroscience and Philosophy
Metzinger Thomas	Being No One – The Self-Model Theory of Subjectivity
Minsky Marvin	The Society of Mind
Nagel Thomas	Mind and Cosmos – Why the Materialist Neo-Darwinian Conception Is Almost Certainly False
Noe Alva	Out of Our Heads – Why You Are Not Your Brain
Penrose Roger	The Emperor's New Mind
Penrose Roger	Shadows of the Mind
Pinker Steven	How the Mind Works
Prigogine Ilya	The End of Certainty – Time, Chaos, and the New Laws of Nature
Radin Dean	Real Magic – Ancient Wisdom, Modern Science, and a Guide to the Secret Power of the Universe
Radin Dean	Entangled Minds – Extrasensory Experiences in a Quantum Reality
Ramachandran V. S.	The Tell-Tale Brain

Rifkin Jeremy	The Empathic Civilization
Rosenblum Bruce	Quantum Enigma – Physics Encounters Consciousness – con Fred Kuttner
Sacks Oliver	The Man Who Mistook His Wife for a Hat
Searle John	The Rediscovery of the Mind
Seth Anil	Being You – A New Science of Consciousness
Sheldrake Rupert	The Presence of the Past – Morphic Resonance and the Habits of Nature
Sheldrake Rupert	Science Set Free – 10 Paths to New Discovery
Shlain Leonard	Art & Physics – Parallel Visions in Space, Time, and Light
Spitzer Manfred	The Mind Within the Net
Strassman Rick	DMT – The Spirit Molecule
Tegmark Max	Life 3.0 – Being Human in the Age of Artificial Intelligence
Tononi Giulio	Phi – A Voyage from the Brain to the Soul
Tononi Giulio	Consciousness – An Overview of the Integrated Information Theory
Varela Francisco – Thompson Evan – Rosch Eleanor	The Embodied Mind – Cognitive Science and Human Experience
Wallace B. Alan	Hidden Dimensions – The Unification of Physics and Consciousness
Wilber Ken	The Spectrum of Consciousness
Wolfram Stephen	A New Kind of Science

De auteur.

Bruno Del Medico, geboren in 1946 in Sabaudia (Italië), heeft zich tijdens zijn werkzame leven beziggehouden met informatica en softwareontwikkeling. Vervolgens heeft hij zich toegelegd op de studie en de verspreiding van de meest actuele wetenschappelijke theorieën, zoals de kwantumtheorie in haar metafysische betekenis. Momenteel is Bruno Del Medico auteur van talrijke werken die zijn uitgegeven bij Edizioni PensareDiverso. Het werk van Bruno Del Medico onderscheidt zich van de traditionele verhalen op het gebied van de technische wetenschappen door zijn kritische, onafhankelijke en onconventionele benadering. In plaats van zich te beperken tot standaardinterpretaties of de algemene consensus over puur wetenschappelijke thema's, verkent Bruno Del Medico alternatieve perspectieven die vaak tegen de stroom ingaan, waarbij hij algemeen aanvaarde aannames ter discussie stelt. Een opvallend kenmerk van zijn werken is het vermogen om wetenschap, ethiek en filosofie te verweven in een open dialoog, die de lezer aanmoedigt om zelfstandig na te denken en de diepere implicaties van technologische en wetenschappelijke innovaties te overwegen.

brein-bewustzijn-AI,
geest-materie-algoritmen,
neurowetenschappen-intelligentie,
universeel bewustzijn-veld,
mens en machines uitdaging,
vrijheid-denken-technologie,
toekomst-wetenschap-conflict,

www.ingramcontent.com/pod-product-compliance
Lightning Source LLC
LaVergne TN
LVHW022207200926
848481LV00006B/1884